즐깨감
과학탐구
3

**기획 • 글** 이경미 이윤숙

교육을 접목한 어린이용 출판물을 기획하고, 글 쓰는 일을 오랫동안 하고 있습니다. 《와이즈만 유아 과학사전》, 《와이즈만 유아 수학사전》, 《주니어 플라톤》 외 다수의 출판물을 개발하였습니다.

**감수** 와이즈만 영재교육연구소

즐거움과 깨달음, 감동이 있는 교육 문화를 창조한다는 사명으로 우리나라의 수학, 과학 영재교육을 주도하면서 창의 영재수학과 창의 영재과학 교재 및 프로그램을 개발하고 있습니다. 구성주의 이론에 입각한 교수학습 이론과 창의성 이론 및 선진 교육 이론 연구 등에도 전념하고 있습니다. 국내 최초의 사설 영재교육 기관인 와이즈만 영재교육에 교육 콘텐츠를 제공하고 교사 교육을 담당하고 있습니다.

**즐깨감 과학탐구 3** 물질 • 힘과 에너지 • 지구

**1판 1쇄 발행** 2019년 8월 23일 **1판 8쇄 발행** 2024년 12월 13일

**기획 • 글** 이경미 이윤숙 **그림** 김영곤 **감수** 와이즈만 영재교육연구소

**발행처** 와이즈만 BOOKs **발행인** 염만숙 **출판사업본부장** 김현정
**편집** 양다운 이지웅 **디자인** 도트 박비주원
**마케팅** 강윤현 백미영 장하라

**출판등록** 1998년 7월 23일 제1998-000170 **주소** 서울특별시 서초구 남부순환로 2219 나노빌딩 5층
**제조국** 대한민국 **사용 연령** 5세 이상
**전화** 02-2033-8987(마케팅) 02-2033-8928(편집) **팩스** 02-3474-1411
**전자우편** books@askwhy.co.kr **홈페이지** mindalive.co.kr



와이즈만북스는 (주)창의와탐구의 교육출판 브랜드로 '책으로 만나는 창의력 세상'이라는 슬로건 아래 '와이즈만 사전' 시리즈, '즐깨감 수학' 시리즈, '첨단과학' 학습 만화 시리즈 외에도 어린이 과학교양서 '미래가 온다' 시리즈 등을 출간하고 있습니다. 또한 창의력 기반 수학 과학 융합교육 서비스로 오랫동안 고객들의 호평을 받아온 '와이즈만 영재교육'의 우수한 학습 방법과 콘텐츠를 도서를 통해 대중화하고 있습니다. 와이즈만북스는 학생과 학부모에게 꼭 필요한 책, 깨닫는 만큼 새로운 호기심이 피어나게 하는 좋은 책을 만들기 위해 최선을 다하고 있습니다.

**창의영재들을 위한 미리 보는 과학 교과서**

# 3

이경미, 이윤숙 기획·글　와이즈만 영재교육연구소 감수

와이즈만 BOOKs

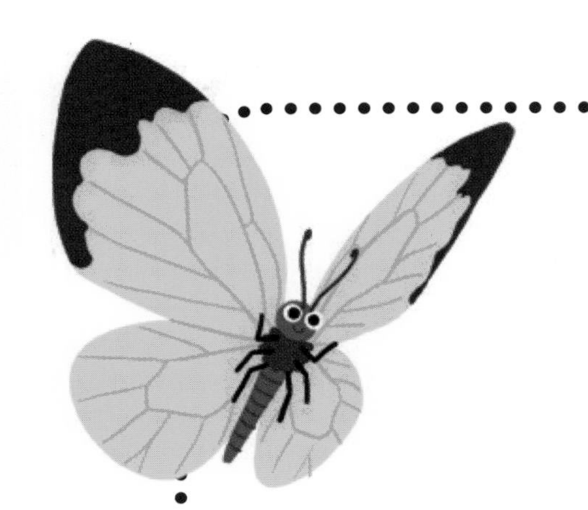

# 추천의 글

시중에서 판매하는 단순한 학습지와는 다르게,
창의적으로 생각할 수 있는 과학 활동이 많아서 좋아요.
개념을 뒤집어 생각하고 글로 써 보기도 하니까 아이의 창의성 향상에 많은 도움이 돼요.

**– 와이키즈 서초센터 정지윤 선생님**

과학을 좋아하는 아이라면 학교에 들어가기 전에 꼭 풀어 보면 좋은 워크북이에요.
부분 부분 알고 있는 과학 개념을 잘 정리해서 잡아 줄 수 있고,
과학 활동이 흥미롭게 구성되어 있어서 재미있게 과학을 공부할 수 있게 해 줘요.

**– 와이즈만 영재교육 대치센터 유해림 선생님**

유아에게 과학을 지도하는 것이 어려운 교사들에게 꼭 권하고 싶은 책이에요.
쉽고 즐겁게 과학을 지도할 수 있는 과학 자료나 활동을 제공해 줘요.

**– 조은어린이집 박가영 선생님**

누리과정과 연계가 잘 되어 있어요. 자연탐구 영역에서 배우는 탐구하는 태도 기르기와
과학적 탐구하기 내용이 그림으로 쉽게 잘 표현되어 있어요.
책의 구성만 잘 따라 해도 탐구하는 태도가 길러질 것 같아요.

**– 창천유치원 지미성 선생님**

과학의 개념을 쉽게 알려주고 즐겁게 문제 풀며 과학의 재미에 빠질 수 있게 도와주어요.

**– 쮼맘 님**

초등 3학년부터 과학 교과가 나오는데 그에 대한 대비로
아이와 함께 미리 만나 보면 좋을 것 같아요.

**– 명륜맘 님**

기획의 글

# 수수께끼 놀이처럼 만나는 첫 과학 워크북으로 과학 하는 즐거움을 선물하세요

학습 측면에서 과학은 국어나 수학에 비해 우선 순위가 밀립니다. 초등학교 입학하기 전이나 저학년까지는 과학 그림책이나 만화책, 도감류 정도로 과학 지식을 접합니다. 아마도 과학 사실이나 개념, 이론 같은 과학 지식이 아이들에게 어렵다거나, 아직 필요하지 않다고 생각하기 때문일 것입니다. 하지만 과학 지식은 아이들의 궁금증에 대한 답이고, 세상이 움직이는 이치입니다. 그 답을 찾지 않게 되면 궁금증은 점점 사라지고, 어른들처럼 당연하고, 익숙해져 버립니다. '그렇다면 과학을 어떻게 시작할까? 궁금증을 잃지 않고 스스로 답을 찾게 하려면 어떻게 하면 좋을까?' 이런 고민 끝에 《와이즈만 유아 과학사전》과 《즐깨감 과학탐구》를 기획하게 되었습니다. 이 시리즈를 통해 과학에 궁금증을 가지고, 탐구 방법을 배워 스스로 문제를 해결하는 능력을 키울 수 있도록 하였습니다.

최근의 과학 교육은 많은 양의 과학 지식을 가르치는 것보다는, 과학을 어떻게 공부할 것인지를 가르치는 추세입니다. 저희는 이러한 추세를 반영하여 과학 지식과 탐구 방법을 동시에 익히도록 이 책을 구성하였습니다. 아이들이 마주하는 대상과 현상(생명과학, 물리과학, 지구과학으로 구분되는 과학 지식)을, 무심하지 않게 다가가도록(관찰, 분류, 추리, 예상, 실험, 의사소통의 탐구 방법) 하였습니다.

아이들에게 단순한 문제 풀이집은 필요하지 않습니다. 저희는 문제 풀이를 훈련하는 것이 아니라, 문제 해결력을 기르는 것에 역점을 두었습니다. 과제를 던져 주고, 스스로 그 과제를 해결하기 위해 탐구하도록 하였습니다. 《즐깨감 과학탐구》 시리즈를 학습할 때 《와이즈만 유아 과학사전》을 옆에 두고 함께 읽기를 추천합니다.

이 책이 아이들에게는 처음 만나는 과학 수수께끼 놀이책이 되기를 바랍니다. 그리고 수수께끼를 해결하는 과학 탐정으로 성장하기를 기대합니다.

이경미 • 이윤숙

과학 뇌를 깨우는 신개념 과학탐구 시리즈 《즐깨감 과학탐구》는 탐구 활동을 통해, 스스로 과학 지식을 발견하고 문제를 해결하며, 사물 간의 속성을 관계 짓고, 추론하게 합니다.

## 《즐깨감 과학탐구》는 과학을 탐구하는 방법을 배웁니다.

문제를 해결하기 위해 스스로 과학적인 사실을 찾아가는 과정이 과학 탐구입니다. 《즐깨감 과학탐구》는 유아나 초등 저학년 때에 적합한 과학 탐구 방법으로 관찰, 비교, 분류, 예측과 추론, 의사소통의 탐구 방법을 배우며 문제를 해결할 수 있도록 구성되어 있습니다.

❶ 관찰하기는 대상을 그대로 세밀하게 살피는 탐구 방법입니다. 《즐깨감 과학탐구》는 감각을 사용해서 관찰 대상의 특징을 파악하거나, 다른 대상과 공통점이나 차이점을 비교하는 방법을 학습합니다.
❷ 분류하기는 대상의 공통점과 차이점에 따라 나누는 탐구 방법입니다. 《즐깨감 과학탐구》는 관찰을 통해 파악한 대상의 특성을 찾아 공통적인 대상끼리 모아, 구분합니다. 분류하는 기준은 다양하지만, 주어진 대상들을 가장 잘 나타내는 특성을 찾는 것이 중요합니다.
❸ 예측하기는 이미 알고 있는 지식이나 경험을 토대로 하여 앞으로 일어날 일을 예상하는 탐구 방법입니다. 예측하기는 생각나는 대로 미리 말해 보는 것이 아니라 측정이나 사실을 통해 검증할 수 있어야 합니다. 《즐깨감 과학탐구》는 주변에서 쉽게 할 수 있는 실험이나 관찰 탐구를 통해 알게 된 사실을 근거로 미리 예상하고, 확인할 수 있도록 구성되어 있습니다.
❹ 의사소통하기는 과학 사실을 질문하고, 설명하거나 개념을 표현하는 탐구 방법입니다.
글, 표, 그림 등 다양한 형태로 이루어집니다. 《즐깨감 과학탐구》는 배운 과학 지식을 토대로 하여 글로 표현하도록 구성되어 있습니다.
❺ 추론하기는 인과 관계를 직접 관찰할 수 없을 때 사건의 원인을 알아내는 탐구 방법입니다. 보통 관찰과 추론을 혼동하기도 합니다. 관찰은 감각을 통해 어떤 대상을 단순히 기술하는 것이고, 추론은 사실에 근거를 두고 결과를 내는 탐구 방법입니다. 《즐깨감 과학탐구》는 관찰하여 알게 된 사실을 근거로 문제를 추론하도록 구성되어 있습니다.

## 《즐깨감 과학탐구》는 다양한 탐구 활동으로 과학 지식을 배웁니다.

《즐깨감 과학탐구》는 크게 세 가지의 탐구 영역으로 구성되어 있고, 각각의 탐구 영역 특성에 맞는 다양한 탐구 활동으로 과학 지식을 배웁니다.

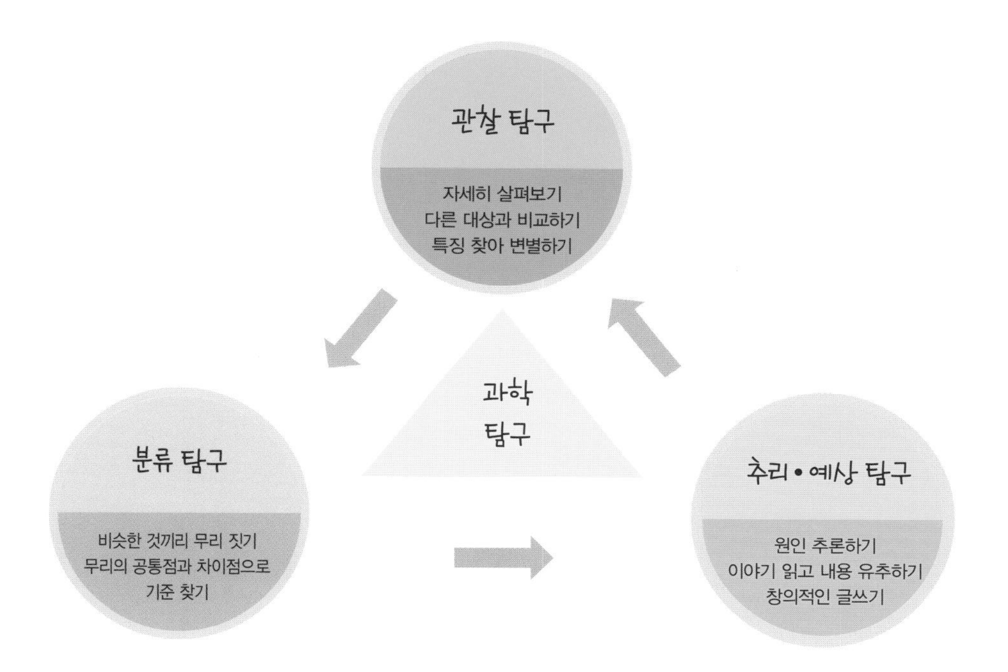


❶ 관찰 탐구 영역은 '어떻게 생겼나?', '어떻게 다른가?', '무슨 일이 일어나는가?'에 초점을 맞추어 학습합니다. 대상을 자세히 살펴보고, 다른 대상과 비교하여 변별하는 활동을 통해 과학 사실을 발견합니다.

❷ 분류 탐구 영역은 '속성이 비슷한 것끼리 모아 보기', '분류 기준 찾기', '여러 번 분류하기' 같은 과정에 초점을 맞추어 학습합니다.

❸ 추리·예상 탐구 영역은 '왜 그럴까?', '무엇일까?', '누구일까?', '다음은 어떻게 될까?', '~하면 어떤 일이 일어날까?', '순서 찾기'에 초점을 맞추어 학습합니다. 관찰 탐구나 분류 탐구를 통해 알게 된 사실을 근거로 추론하고, 예측하여 문제를 해결합니다.

# 이 책의 구성과 특징

《즐깨감 과학탐구》는 누리 과정의 자연 탐구 영역과 초등과학을 총망라하였습니다. 과학 내용을 9가지 주제로 나누어 주제에 따라 관찰 탐구, 분류 탐구, 추리·예상 탐구를 통해 과학의 개념과 원리를 알아봅니다.

## 1 주제별 구성

1권, 2권에서는 동물, 식물, 생태계, 우리 몸 주제를 통해 생명의 개념과 살아가는 원리를 알아봅니다. 3권, 4권에서는 물질, 힘, 에너지, 지구, 우주 주제를 통해 살아가는 환경의 특징과 원리를 알아봅니다.

## 2 탐구 활동별 구성

관찰 탐구에서는 주로 대상의 관찰을 통해 개념이나 원리를 알 수 있습니다. 분류 탐구에서는 관찰에서 알게 된 대상들을 나누고 모아 보면서 개념을 확장시켜 봅니다. 추리·예상 탐구에서는 아이가 궁금해하는 주제를 다루어 개념을 확장하고, 스스로 판단해 보게 합니다.

## 3 탐구 활동별 캐릭터

관찰씨, 분류짱, 추리군의 탐구별 안내 캐릭터가 등장하여 탐구 활동을 돕습니다. 개념 설명이나 단서 제공, 활동을 안내해 줍니다.

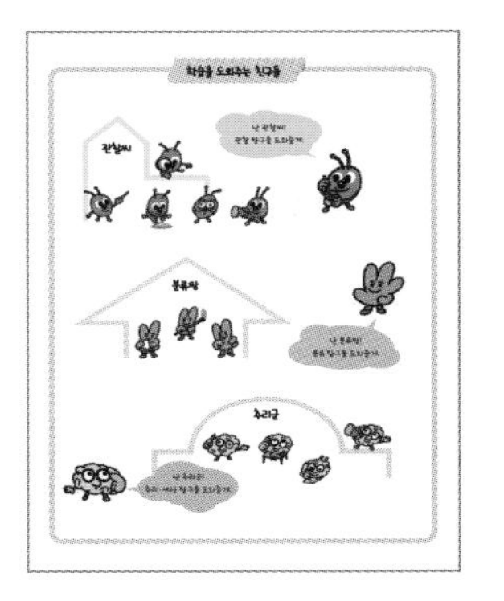

## 4 다양한 과학 놀이

숨은그림찾기, 수수께끼, 색칠하기, 창의적 꾸미기, 길 따라가기, 게임, 만들기, 실험 같은 다양한 과학 놀이로 탐구 활동을 합니다.

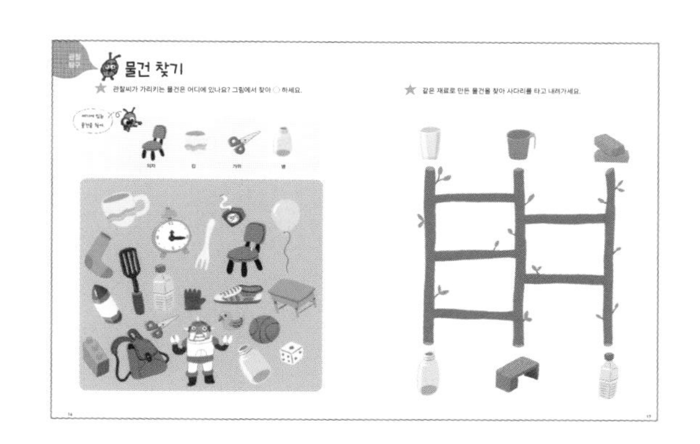


## 5 읽기 및 창의적 과학 글쓰기

짧고, 단순한 글을 읽고, 사실을 유추하여 판단해 봅니다. 과학 사실을 근거로 글쓰기를 합니다. 읽기, 말하기, 글쓰기의 의사소통 탐구 방법은 다른 사람에게 설명하거나 설득하는 데 필요합니다.

## 6 학습을 도와주는 손놀이 꾸러미

손놀이 꾸러미로 만들기와 분류 카드, 붙임 딱지가 있습니다. 분류 카드, 붙임 딱지는 문제 해결을 위한 음영이나 색 단서를 주어 스스로 학습이 가능합니다. 손놀이 꾸러미에 있는 활동 자료로 직접 해 보면서 과학을 재미있게 받아들입니다.

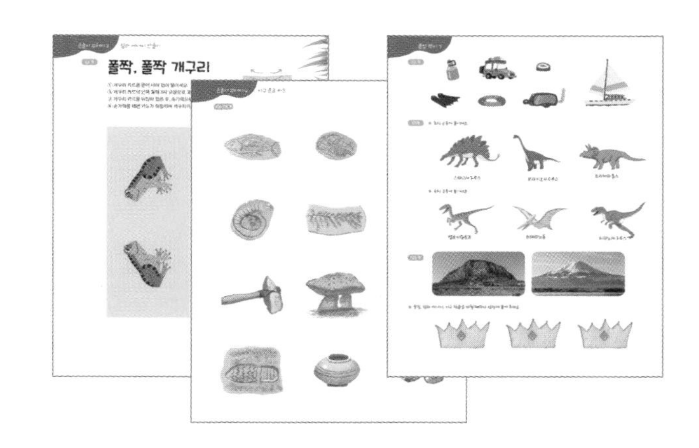


## 7 과학 안내서로 활용하는 해설집

부록으로 해설집을 두어 문제에 담긴 과학의 개념과 원리를 알기 쉽게 설명하였습니다. 지도서로 잘 활용하여 학습을 더욱 재미있고 풍성하게 해 주세요.

《즐깨감 과학탐구》는 총 4권으로, 아이들이 마주하는 과학의 모든 영역을 다루고 있습니다. 1권, 2권에서는 동물, 식물, 생태계, 우리 몸 주제를, 3권, 4권에서는 물질, 힘과 에너지, 지구, 우주 주제를 다루어 과학의 기본 개념과 원리를 알아봅니다.

### 즐깨감 과학탐구 ❶ 동물·식물·우리 몸

동물, 식물, 인체의 생김새의 특징, 주변 환경과의 관계 및 각각의 명칭과 기능을 알아봅니다.

* 동물의 생김새와 사는 곳 알기 | 초식 동물과 육식 동물 구분하기 | 새의 특징 비교하기 | 새끼를 낳는 동물과 알을 낳는 동물 분류하기 | 포유류 특징 알기

* 식물의 구조 살펴보기 | 잎, 줄기, 뿌리의 생김새 비교하기 | 줄기에 따라 식물 분류하기 | 식물의 특징과 이름 유추하기 | 잎의 광합성 원리 이해하기

* 몸의 생김새와 명칭 알기 | 뼈와 이의 생김새 살펴보기 | 몸의 털 그리기 | 손뼈 만들기와 관절 실험하기 | 뇌의 기능 알기 | 몸의 감각 기관과 각 기능 알고, 유추하기

### 즐깨감 과학탐구 ❷ 동물·식물·생태계·우리 몸

동물 및 식물이 자라는 과정을 알고, 인체의 내부 모습과 각 기관의 움직이는 원리를 알아봅니다.

* 닭, 개구리, 나비의 자라는 과정 살펴보기 | 포유류, 조류, 파충류, 양서류, 어류로 분류하기 | 곤충의 탈바꿈 알기 | 동물의 의사소통이나 자기 보호 방법 알기

* 꽃의 생김새와 씨와 열매가 만들어지는 과정 살펴보기 | 다양한 씨와 열매의 생김새 비교하기 | 식물을 이용한 물건 찾아보기 | 식물과 관련된 일을 찾아 글쓰기

* 먹이 사슬과 먹이 그물 관계에 있는 생태계 특징 살펴보기 | 세균, 곰팡이, 바이러스 같은 미생물과 관계있는 일 찾아보기

* 뇌와 신경 알기 | 호흡, 소화 원리 살펴보기 | 배설 기관 살펴보기 | 피의 구성과 기능 살펴보기 | 방귀와 똥에 대해 살펴보기 | 배꼽과 유전에 관한 글쓰기

## 즐깨감 과학탐구 ❸ 물질·힘과 에너지·지구

물질의 종류와 특징 및 상태, 힘과 운동에 대해 살펴보고, 우리가 살아가는 땅과 흙과 같은 자연환경에 대해 알아봅니다.

* 물질의 특성과 쓰임새 살펴보기 | 고체, 액체, 기체 상태 비교하기 | 만든 물질이 같은 물건끼리 모으기 | 물 위에 뜨는 물질, 가라앉는 물질 유추하기

* 지레, 빗면, 도르래의 원리 알아보기 | 용수철이나 나사를 쓰는 물건끼리 모으기 | 힘의 작용, 반작용 원리로 결과 예상하기 | 코끼리를 도구로 옮기는 방법을 글로 써 보기

* 날씨의 특징과 물의 순환 살펴보기 | 땅 모양과 화산 알아보기 | 화석 분류하기 | 구름이나 바람이 생기는 순서 따져 보기 | 날씨 현상의 원리 유추하기

## 즐깨감 과학탐구 ❹ 물질·힘과 에너지·지구·우주

물질 상태의 변화, 빛의 반사와 굴절 원리를 살펴보고, 지형과 지진, 일식, 월식 현상에 대해 알아봅니다.

* 물질 변화 비교하기 | 불에 타는 것과 불을 끄는 것 비교하기 | 신맛 나거나, 미끌거리는 물질끼리 모으기 | 공기 실험하고, 결과 예상하기

* 빛을 비추어 보고, 그림자 살펴보기 | 거울과 렌즈 비교하기 | 열이 전해지는 방법 알아보기 | 물속에 비치는 모습 유추하기 | 빛이 없을 때 상상하여 글로 써 보기

* 지구의 겉과 속 들여다보기 | 돌의 생김새와 쓰임새 비교하기 | 지진으로 일어나는 결과 예상하기 | 대피할 때 필요한 물건과 이유를 글로 써 보기

* 지구를 둘러싼 공기 살펴보기 | 태양계 살펴보기 | 계절별 별자리 분류하기 | 일식과 월식의 원리 유추하기 | 우주의 특성을 근거로 우주복에 필요한 장치 그리기

# 물질

## 관찰 탐구



## 분류 탐구

## 추리·예상 탐구



# 힘과 에너지

## 관찰 탐구

## 분류 탐구



## 추리·예상 탐구



# 지구

## 관찰 탐구

## 분류 탐구



## 추리·예상 탐구

## 학습을 도와주는 친구들

관찰씨

난 관찰씨!
관찰 탐구를 도와줄게.

분류짱

난 분류짱!
분류 탐구를 도와줄게.

추리군

난 추리군!
추리·예상 탐구를 도와줄게.

# 물질

## 관찰 탐구

- 물질의 개념과 이름 알아보기
- 물질의 특성과 쓰임새 살펴보기
- 고체, 액체, 기체 상태 비교하기

## 분류 탐구

- 만든 물질이 같은 물건끼리 모으기
- 모인 물질의 분류 기준 찾기
- 쇠의 특성을 이용하여 물건 나누기

## 추리 · 예상 탐구

- 알게 된 사실을 근거로 기체가 있는지 판단하기
- 물 위에 뜨는 물질, 가라앉는 물질 유추하기
- 물질의 특성을 근거로 문제 해결하기

교과 연계 단원

**여름 1학년 1학기** 여름 나라 **3학년 1학기** 물질의 성질 **3학년 2학기** 물질의 상태
**4학년 2학기** 물의 상태 변화 **5학년 1학기** 용해와 용액 **6학년 1학기** 여러 가지 기체

# 물건 찾기

관찰씨가 가리키는 물건은 어디에 있나요? 그림에서 찾아 ◯ 하세요.

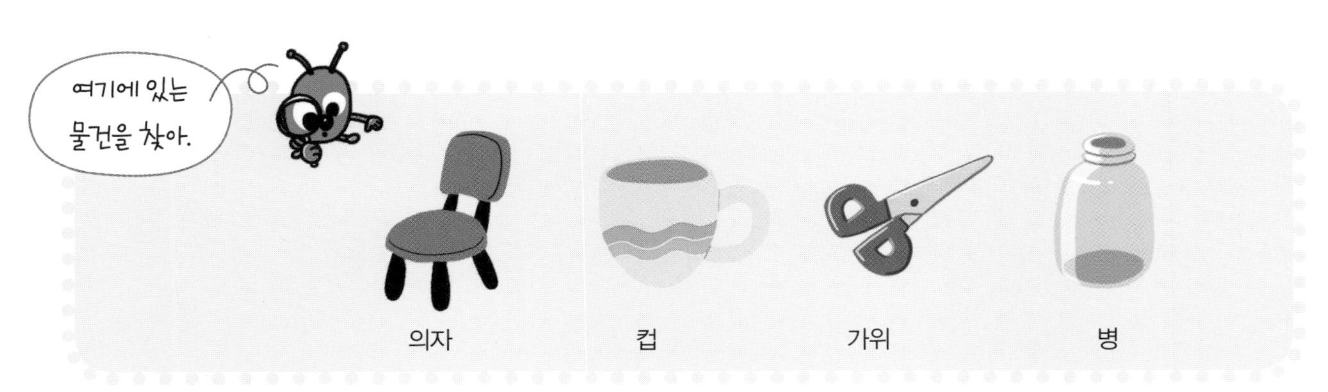

 같은 재료로 만든 물건을 찾아 사다리를 타고 내려가세요.

관찰
탐구

# 물건을 이루는 물질

무엇으로 만들었나요? 재료를 찾아 길을 따라가세요.

고무, 유리, 쇠는 물건을 이루는 물질이에요. 알맞은 글을 찾아 선으로 이으세요.

고무

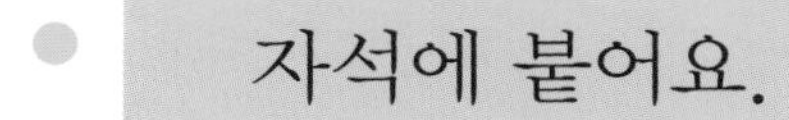

유리

쇠

잘 늘어나요.

관찰
탐구

# 물질 수수께끼

무엇일까요? 괴물의 말을 읽고, 알맞은 물질에 ◯ 하세요.

① 나무 ② 쇠

 여러 가지 물질로 만든 물건이에요. 유리와 나무로 만든 물건에 ◯ 하세요.

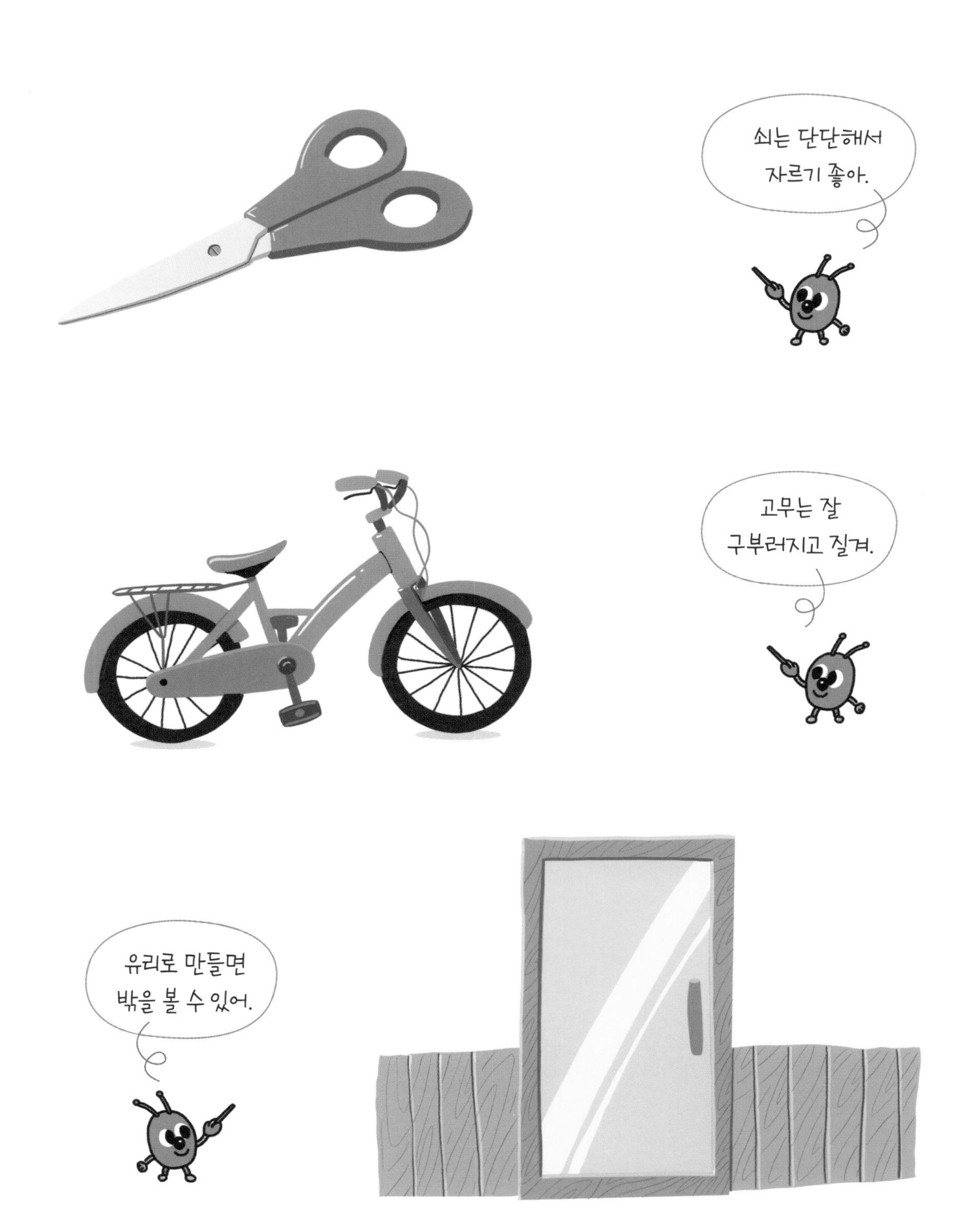

# 설탕일까, 소금일까?

설탕, 소금은 물질이에요. 둘은 색깔이 같고, 맛이 달라요. 친구의 말을 읽고, 설탕에 ●, 소금에 ● 붙임 딱지를 붙이세요.

물, 식초는 물질이에요. 둘은 색깔과 맛이 달라요. 물에 ●, 식초에 ● 붙임 딱지를 붙이세요.

★ 설탕, 소금을 넣은 물이에요. 맛에 대해 한 말을 읽고 설탕물에 ●, 소금물에 ● 붙임 딱지를 붙이세요.

★ 코코아, 소금을 넣은 우유예요. 색깔에 대해 한 말을 읽고 코코아 우유에 ●, 소금 우유에 ● 붙임 딱지를 붙이세요.

# 둥둥 섬 게임

누가 먼저 도착할까요? 주사위를 던져 나온 물질로 만든 물건을 찾아 섬을 따라가세요.

손놀이 꾸러미에 있는 주사위와 말을 준비해.

게임 방법

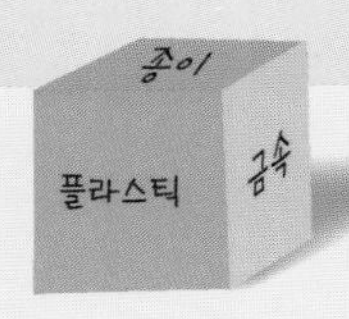


① 자신의 말을 정하세요.
② 주사위를 던져 나온 물질로 만든 물건을 찾아 순서대로 말을 옮기세요. 놓인 말과 가장 가까운 물건부터 찾으세요.
③ 같은 물질로 만든 물건이 더 없을 때는 말을 움직이지 말고 쉬세요. 가위까지 도착하면 게임이 끝나요.

도착

관찰 탐구

# 얼음, 물은 어떤 모양이지?

틀에 담긴 얼음을 그릇에 옮기면 모양이 달라지나요? 알맞은 글자 붙임 딱지를 붙이세요.

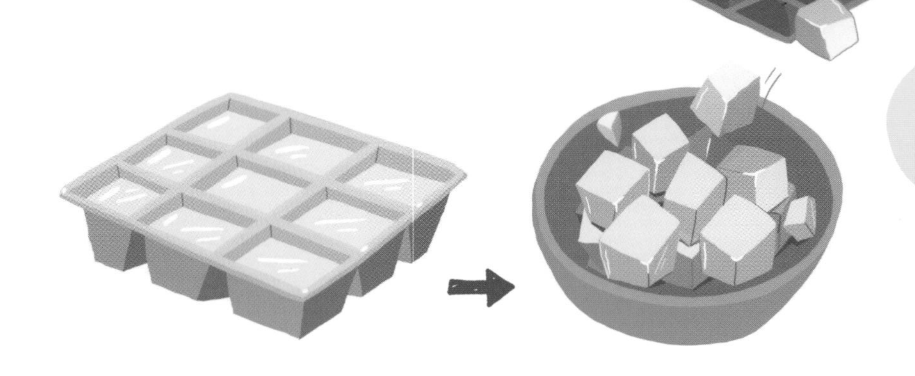

네모난 그릇이나
동그란 그릇이나
얼음 모양은 그대로야.

모양이 달라지지 않아요.

병에 담긴 물을 컵에 따르면 모양이 달라지나요? 알맞은 글자 붙임 딱지를 붙이세요.

모양이 달라져요.

얼음은 모양과 크기가 정해져 있어 손으로 쥘 수 있어요. 얼음처럼 모양과 크기가 정해져 있는 것에 ◯ 하세요.

얼음과 같은 물질의 상태가 고체입니다. 일정한 모양과 부피가 있으며 쉽게 변형되지 않습니다.

관찰 탐구

# 물 같은 모양

물은 모양과 크기가 정해져 있지 않아 담는 그릇에 따라 모양이 달라져요.
물처럼 모양과 크기가 정해져 있지 않은 것에 ◯ 하세요.

물과 같은 물질의 상태가 액체입니다. 물질의 양(부피)은 달라지지 않지만, 모양은 담는 그릇에 따라 달라집니다.

관찰 탐구

# 고체, 액체

얼음 같은 모양이 고체, 물 같은 모양이 액체예요. 어떤 모양인지 찾아 길을 따라가세요.

관찰 탐구

# 공기

비닐봉지를 푸 불면 공기가 들어가요. 공기로 가득 찬 비닐봉지에 ◯ 하세요.

공기 같은 모양이 기체예요. 양쪽을 비교해 보고, 기체로 가득 찬 물건에 ◯ 하세요.

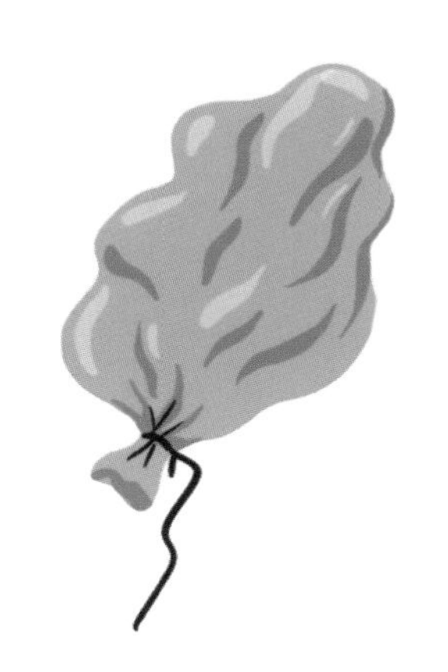

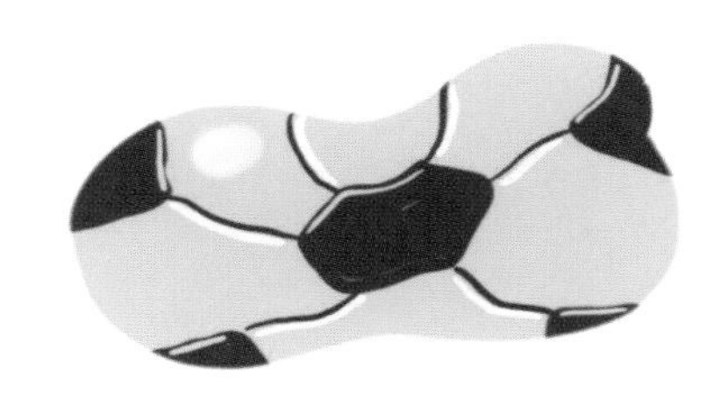

공기 같은 물질의 상태가 기체입니다. 일정한 모양과 부피를 갖고 있지 않습니다.

분류 탐구

# 맞는 곳에 모았나?

★ 나무로 만든 물건끼리, 종이로 만든 물건끼리 모았어요. 잘못 모은 물건에 ◯ 하세요.

플라스틱으로 만든 물건끼리, 고무로 만든 물건끼리 모았어요. 잘못 모은 물건에 ○ 하세요.

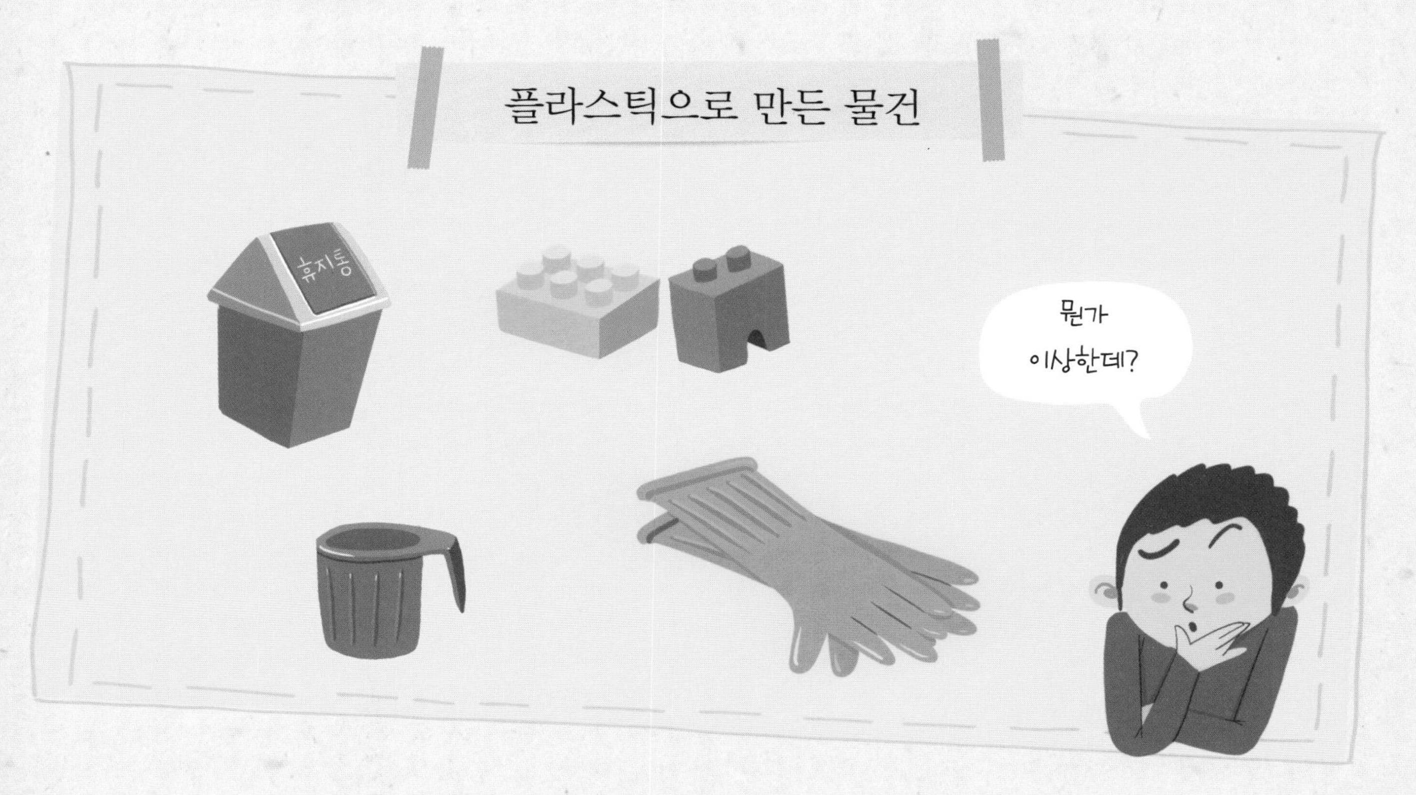

# 쇠일까, 아닐까?

금속으로 만든 물건을 쇠로 만든 것과 아닌 것으로 나누었어요. 붙임 딱지에 있는 물건을 알맞은 곳에 붙이세요.

# 누가 공주를 구할까?

한 가지 물질로 만든 물건과 여러 가지 물질로 만든 물건으로 나누어 길을 따라가세요. 공주를 구한 사람에 ◯ 하세요.

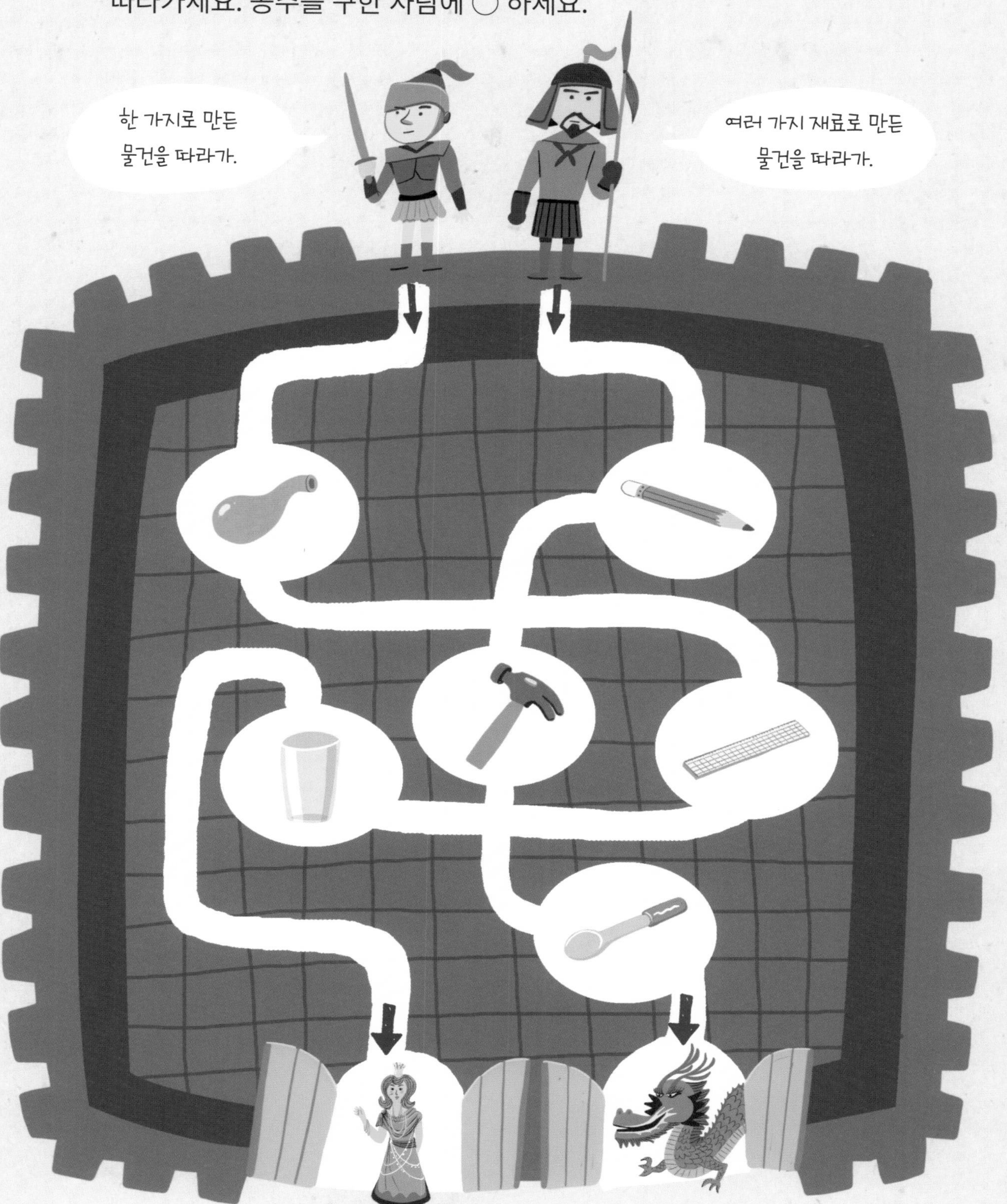

분류
탐구

# 어떻게 나누지?

여러 종류의 음식이 있어요. 한 가지 물질과 여러 가지가 섞인 물질로 나누어 붙임 딱지를 붙이세요.

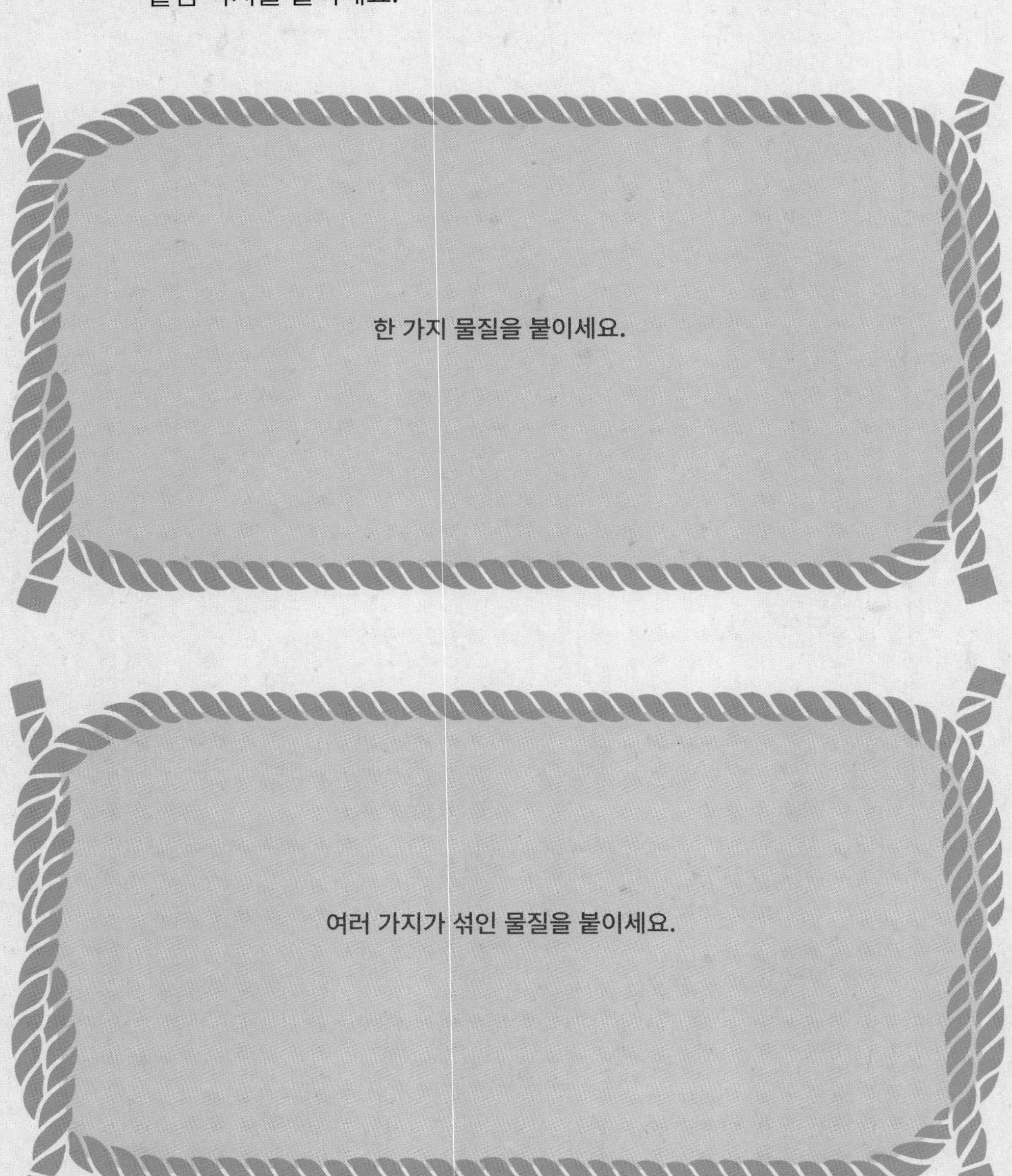

 물질에 따라 특성이 달라요. 모은 물질을 보고 알맞은 글과 선으로 이으세요.

물에 녹지 않아요.

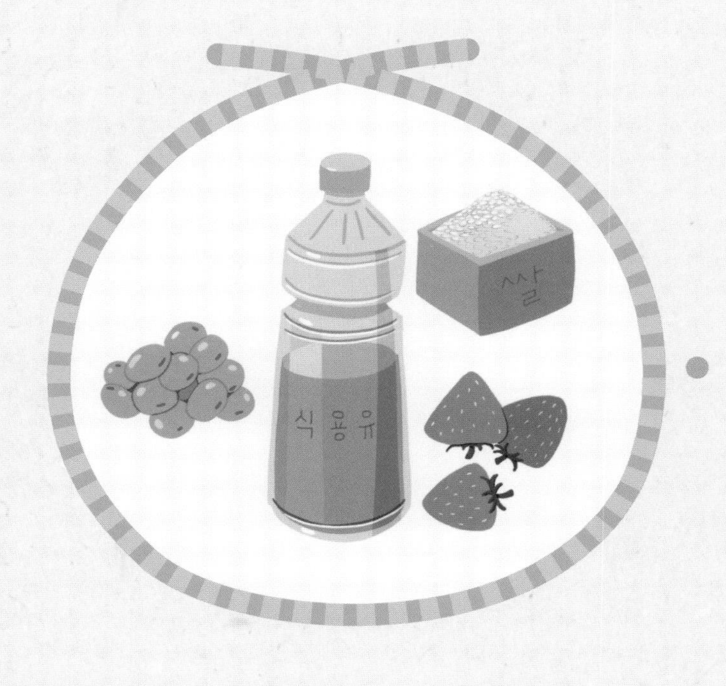


물에 녹아요.

분류 탐구

# 고체끼리, 액체끼리

얼음 같은 고체끼리, 물 같은 액체끼리 모았어요. 어떻게 모았는지 알맞은 글자 붙임 딱지를 붙이세요.

# 탄산음료

탄산음료와 탄산음료가 아닌 것으로 나누어 색칠하세요.

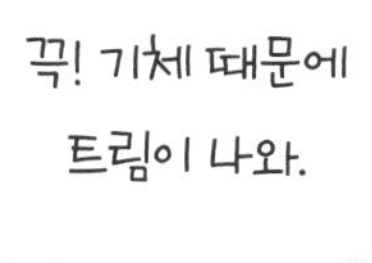

추리 예상

# 기체가 있는지 어떻게 알까?

기체는 눈에 보이지 않아요. 이야기를 읽고, 어떻게 알 수 있는지 살펴보세요.

기체가 있는지 어떻게 알 수 있을까요? 알맞은 그림과 글을 선으로 이으세요.

냄새가 나요.

탱탱해요.

탄산음료에 기체가 들어 있는 것을 어떻게 알 수 있는지 살펴보세요.

콜라가 든 병을 세게 흔들고 뚜껑을 열면 어떻게 될까요? 알맞은 그림에 ◯ 하세요.

추리 예상

# 기체는 어떤 일을 할까?

소화기, 튜브, 콜라에 기체가 들어 있어요. 기체가 하는 일을 찾아 선으로 이으세요.

불을 꺼요.

톡 쏘는 맛을 내요.

물 위에 뜨게 해요.

과자 봉지에 기체를 넣었어요. 왜 그럴까요? 추리군의 말을 읽고, 알맞은 그림에 ◯ 하세요.

추리 예상

# 어느 공이 더 무거울까?

크기가 같은 공이에요. 이야기를 읽고, 탱탱한 공과 쭈글쭈글한 공 중에서 더 무거운 공에 ◯ 하세요.

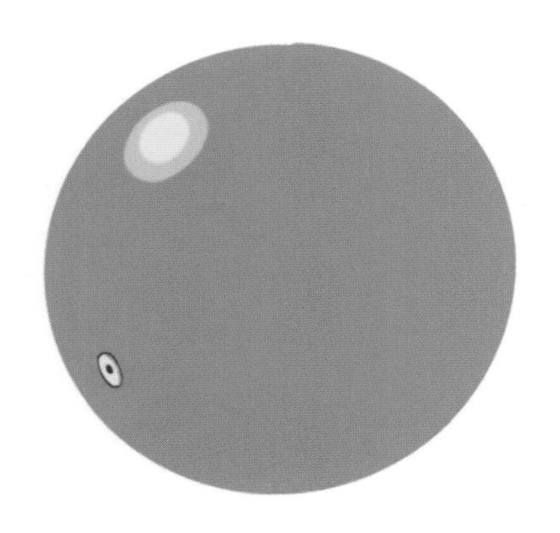

# 어느 것이 먼저 뜨거워질까?

나무와 금속은 특성이 달라요. 이야기를 읽고, 어느 것이 먼저 뜨거워지는지 알아보세요.

뜨거운 국수에서 먼저 뜨거워지는 젓가락에 ◯ 하세요.

#  어느 것이 물 위에 뜰까?

 유리병과 플라스틱 병을 물에 넣으면 어떻게 될까요? 이야기를 읽고, 뜨는 것과 가라앉는 것을 알아보세요.

 플라스틱 컵과 유리컵은 어떨까요? 물 위에 뜨는 컵에 ◯ 하세요.

 물 위에 뜨는 물질은 위쪽에, 물에 가라앉는 물질은 아래쪽에 알맞은 붙임 딱지를 붙이세요.

추리 예상

# 무엇으로 만들었을까?

컵이 깨졌어요. 무엇으로 만든 컵이었는지 알맞은 그림에 ◯ 하세요.

유리컵

종이컵

# 어느 것을 고를까?

무엇으로 만든 물건이 필요할까요? 어울리는 물건과 선으로 이으세요.

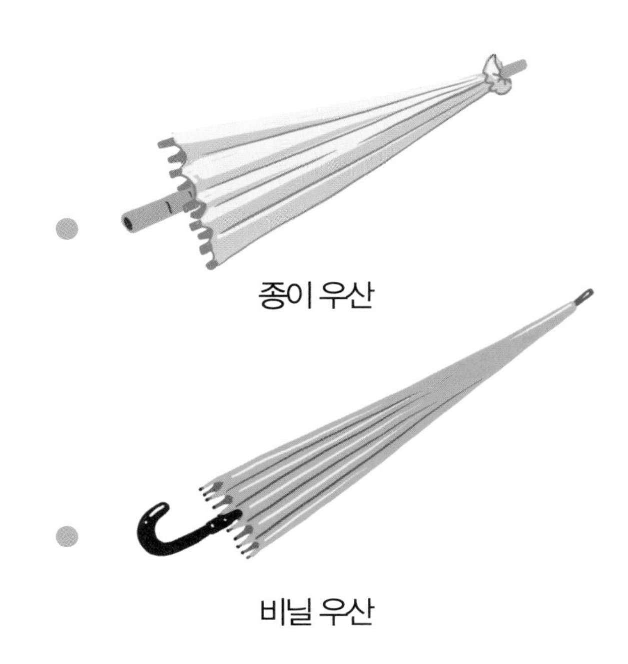

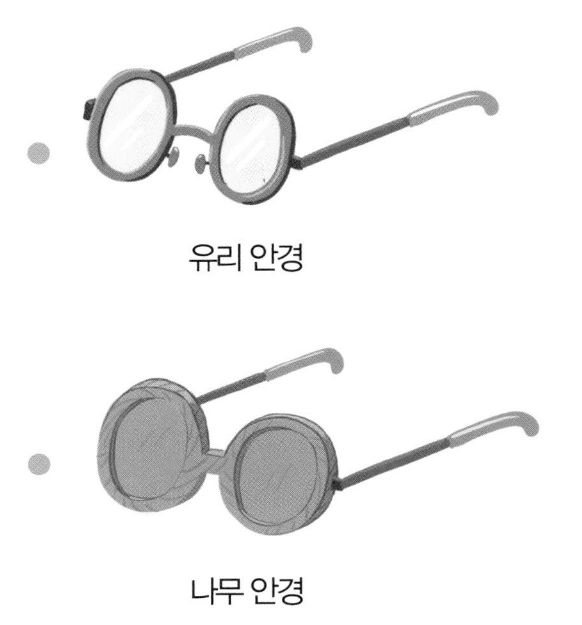

추리 예상

# 종이로 집을 짓는다면?

★ 벽돌로 지은 집과 종이로 지은 집을 비교해 보세요.

★ 종이로 지었을 때 좋은 점은 무엇일까요? 알맞은 그림에 ◯ 하세요.

추리
예상

# 유리로 신발을 만든다면?

유리의 특성을 생각해 보고, 유리로 만든 신발을 그림으로 그리세요.

유리로 만든 신발의 편리한 점과 불편한 점을 글로 쓰세요.

1

2

● 나를 칭찬합니다. 나는 물질 공부를 매일 잘했습니다.

물질에 대해서 알게 된 점은

---

# 호기심상

이름

위 어린이는 　 월 　 일부터 　 월 　 일까지
물질 학습을 거르지 않고 매일매일 잘 해냈기에
이 상장을 줍니다.

년 　 월 　 일

엄마 아빠

왕관 붙임 딱지를
붙이세요.

# 힘과 에너지

## 관찰 탐구

- 힘에 의해 달라진 자리와 모양 찾아보기
- 여러 가지 힘 살펴보기
- 지레, 빗면, 도르래의 생김새와 원리 알아보기

## 분류 탐구

- 같은 원리로 움직이는 도구끼리 모으기
- 용수철이나 나사를 쓰는 물건끼리 모으기
- 같은 원리를 쓰는 물건끼리 짝 짓기

## 추리 · 예상 탐구

- 힘이 작용하는 원리를 찾아 결과 유추하기
- 기준에 따라 달라지는 운동의 개념 알아보기
- 코끼리를 도구로 움직이는 방법을 글로 써 보기

교과 연계 단원

**봄 1학년 1학기** 학교에 가면 **4학년 1학기** 물체의 무게 **5학년 2학기** 물체의 운동

# 달라진 자리

움직이면 자리가 달라져요. 위아래 그림을 비교해 보고, 자리가 바뀐 것을 모두 찾아 ◯ 하세요.

# 달라진 모양

물체에 힘을 주면 모양이 달라져요. 레몬, 깡통, 빵에 힘을 주면 어떻게 되는지 찾아 길을 따라가세요.

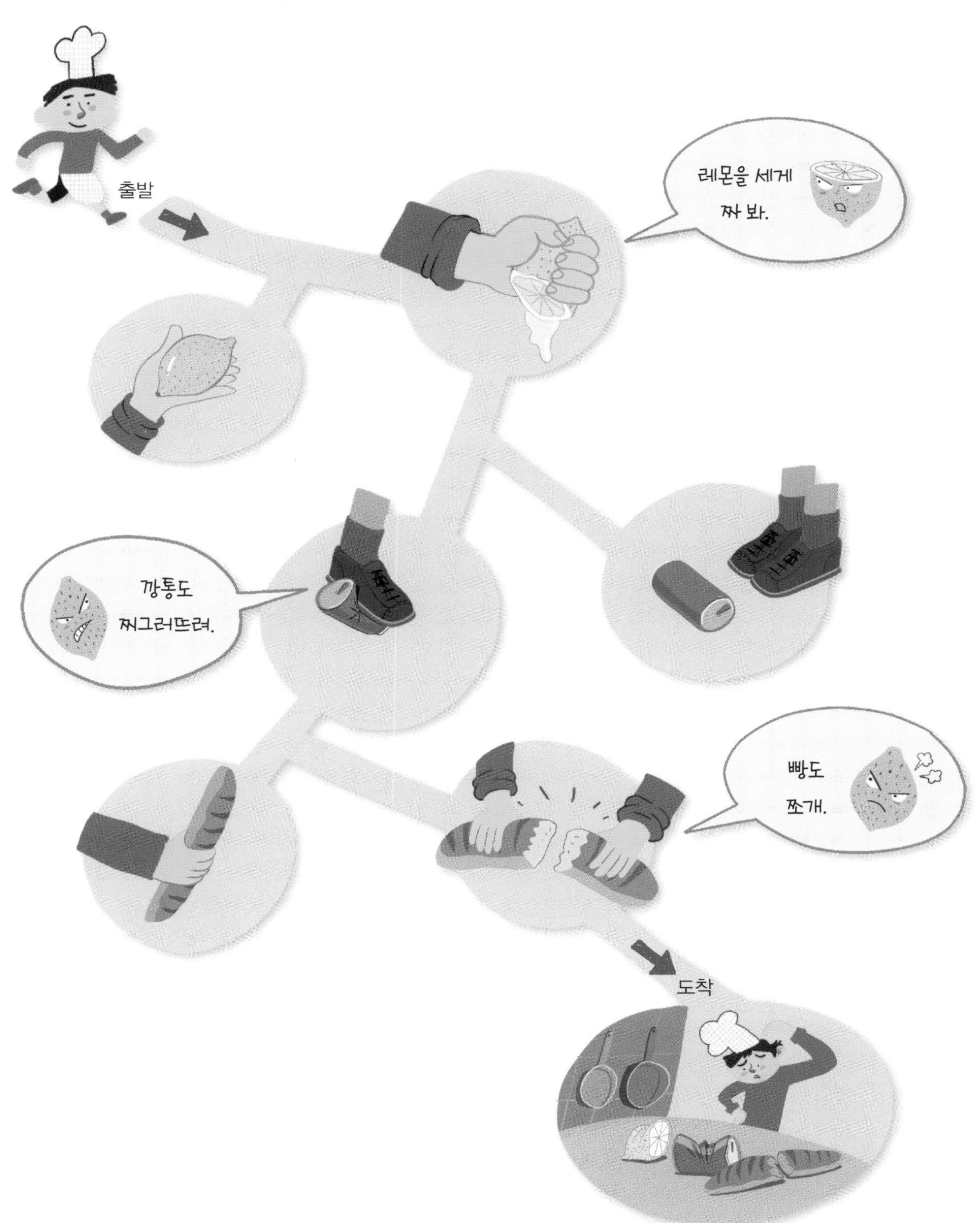

# 힘을 주면 어떻게 되지?

공을 세게 차면 발이 아픈가요? 관찰씨의 말을 읽고, 알맞은 그림에 ○ 하세요.

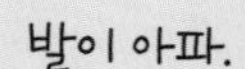

 책상을 치면 손이 아픈가요? 관찰씨의 말을 읽고, 알맞은 그림에 ◯ 하세요.

 물체에 힘을 주면, 힘을 받은 물체도 같은 크기의 힘을 상대에게 주게 됩니다. 이것이 작용과 반작용입니다. 힘의 크기는 서로 같고, 방향은 반대입니다.

관찰 탐구

# 지구에 어떤 힘이 있나?

지구에 끌어당기는 힘이 있어요. 지구의 힘을 알 수 있는 그림에 ◯ 하세요.

 원숭이가 바나나를 똑바로 떨어뜨려요. 떨어지는 모양을 따라 그리세요.

 공을 비스듬하게 뻥 찼어요. 공이 날아가는 모양을 따라 그리세요.

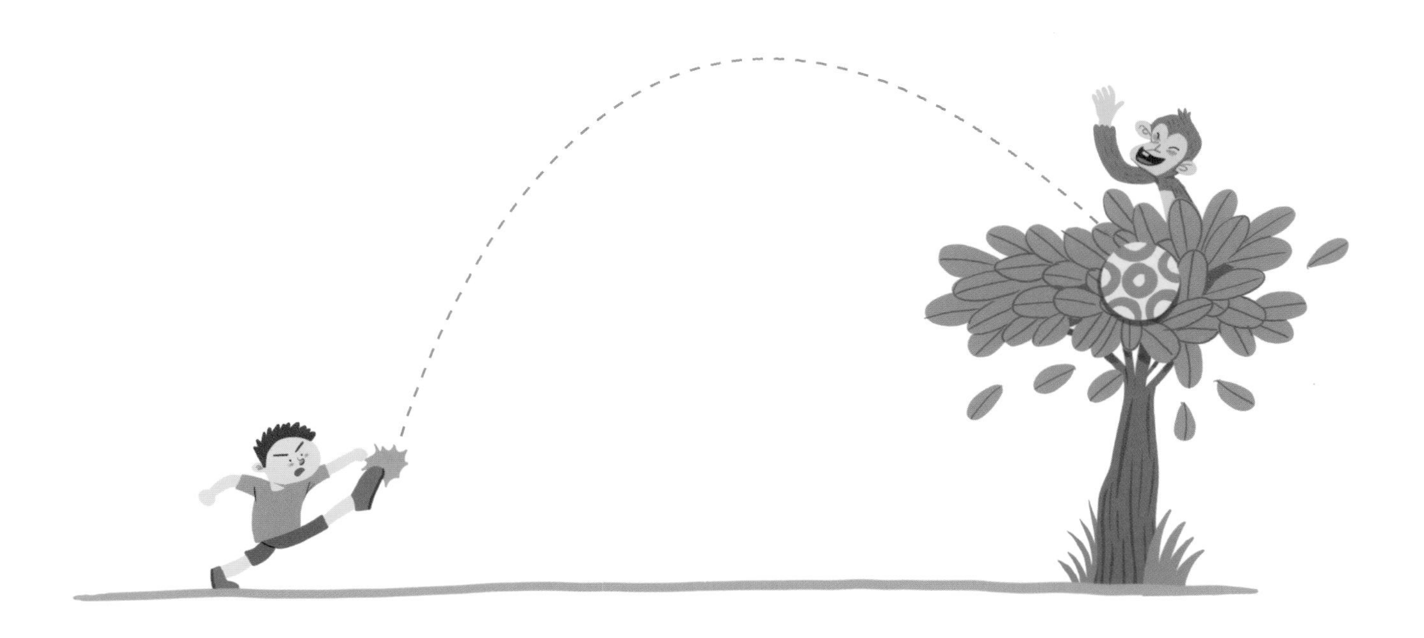

관찰
탐구

# 울퉁불퉁한 바닥, 미끄러운 바닥

울퉁불퉁한 바닥과 미끄러운 바닥에서 공을 굴려요. 더 잘 구르는 바닥에 ●, 잘 구르지 못하는 바닥에 ● 붙임 딱지를 붙이세요

더 잘 미끄러지는 바닥에 ●, 잘 미끄러지지 않는 바닥에 ● 붙임 딱지를 붙이세요.

 같은 바닥에서 무거운 가방과 가벼운 가방을 밀어요. 더 밀기 쉬운 가방에 ◯ 하세요.

# 폴짝, 폴짝 개구리

개구리를 폴짝 뛰게 하는 힘은 무엇인가요? 개구리 카드로 고무줄을 당기며 알아보세요.

손놀이 꾸러미와
고무줄이 필요해.

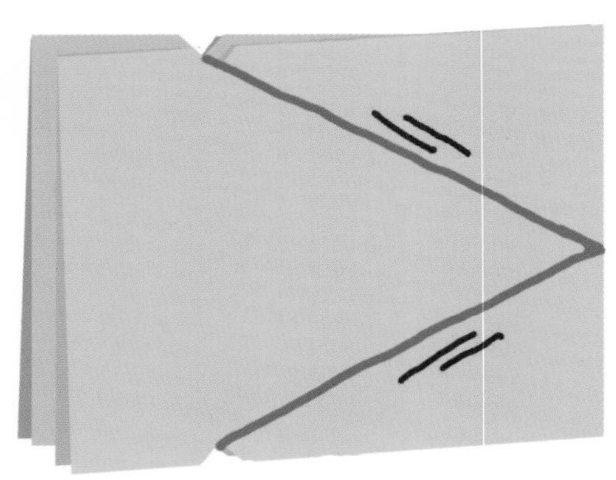

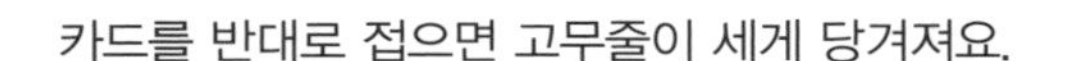

카드를 반대로 접으면 고무줄이 세게 당겨져요.

손을 놓으면, 고무줄이 돌아가려는 힘으로 카드가 뒤집혀요.

폴짝 개구리와 같은 힘을 쓰는 그림에 ◯ 하세요.

# 자석아, 당겨라!

자석 버스가 주차장에 가요. 쇠로 만든 물건을 찾아 길을 따라가세요.

관찰 탐구

# 콩, 쿵 시소

힘을 번갈아 주며 타는 시소예요. 시소의 생김새를 살펴보고, 글자 붙임 딱지를 붙이세요.

힘을 주는 괴물에 ●, 위로 올라가는 괴물에 ● 붙임 딱지를 붙이세요.

힘을 주어 종이를 자르는 가위예요. 힘을 주는 곳에 ●, 종이가 잘리는 곳에 ● 붙임 딱지를 붙이세요.

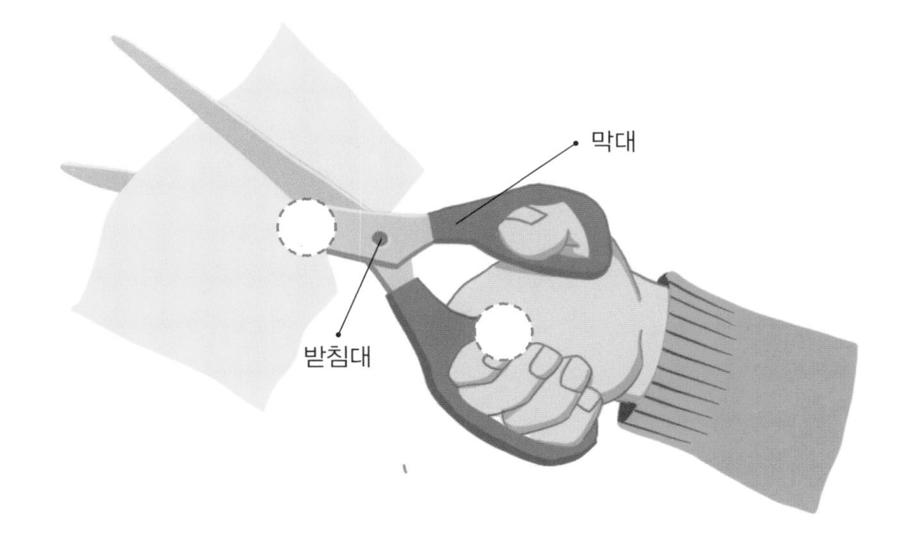

가위는 지레의 원리를 이용하여 종이를 자릅니다. 손잡이가 힘점, 양날을 고정시킨 받침대가 받침점, 양날이 작용점입니다.

관찰 탐구

# 빗면을 찾아봐

비스듬하게 기운 모양이 빗면이에요. 관찰씨가 가리키는 모양을 비교해 보고, 빗면 3가지를 찾아 ◯ 하세요.

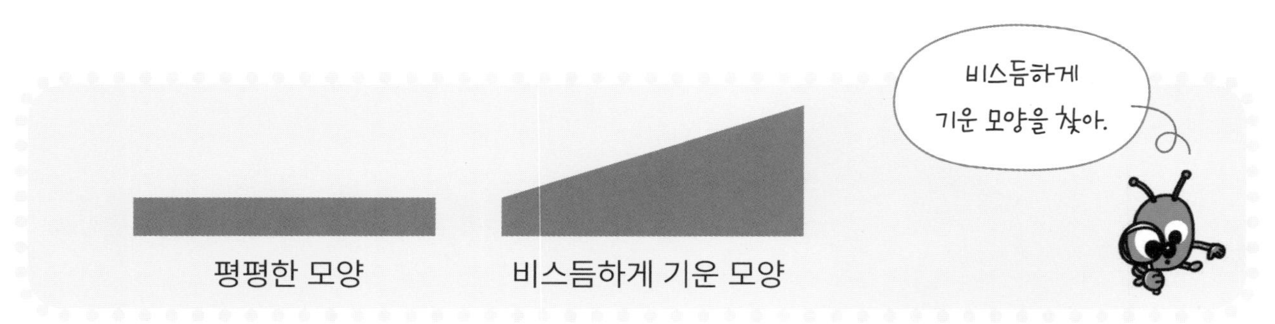

# 돌돌 도르래

무거운 물건을 들어 올릴 때 쓰면 편리한 도르래예요. 도르래가 어떻게 생겼는지 살펴보세요.

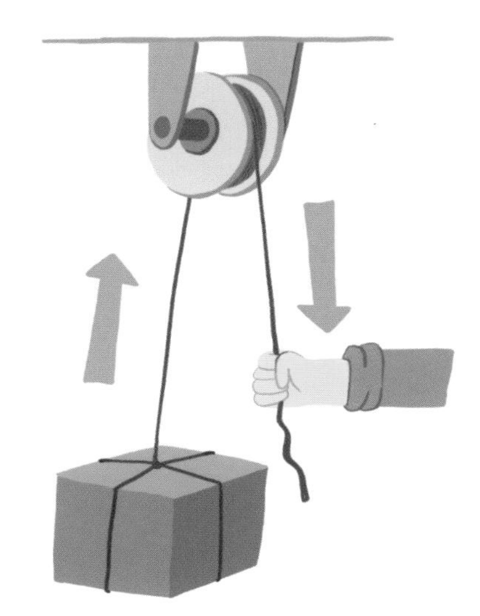

무거운 가방을 어떻게 들어 올릴까요? 알맞은 글에 ◯ 하세요.

① 줄을 아래로 당겨요.

② 줄을 위로 당겨요.

분류 탐구

# 맞는 곳에 모았나?

빗면을 이용하는 것끼리 모았어요. 잘못 모은 것에 ◯ 하세요.

 도르래를 이용하는 것끼리 모았어요. 잘못 모은 것에 ○ 하세요.

분류 탐구

# 용수철이 있나?

놀잇감을 용수철을 쓰는 것과 아닌 것으로 나누었어요. 붙임 딱지를 알맞은 곳에 붙이세요.

# 맞게 모았나?

 지레를 이용하여 일을 쉽게 할 수 있는 것끼리 모았어요. 잘못 모은 것에 ◯ 하세요.

분류 탐구

# 어떻게 나눌까?

같은 힘을 쓰는 것끼리 모았어요. 붙임 딱지를 알맞은 곳에 붙이세요.

지레를 쓰는 물건을 붙이세요.

빗면을 쓰는 물건을 붙이세요.

분류
탐구

# 나사와 닮은 것을 모아

나사는 비스듬한 빗면이 여러 개로 이루어져 있어요. 나사와 같은 모양이 있는 것끼리 모았어요. 잘못 모은 것에 ○ 하세요.

# 관계있는 것끼리

물건마다 힘을 쓰는 방법이 달라요. 방법이 같은 것끼리 선으로 이으세요.

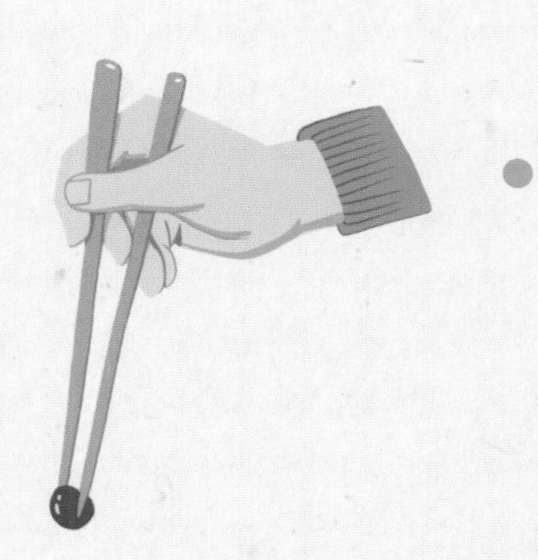

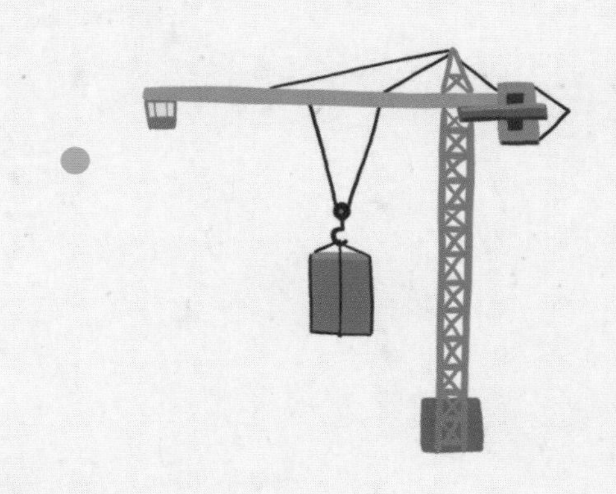

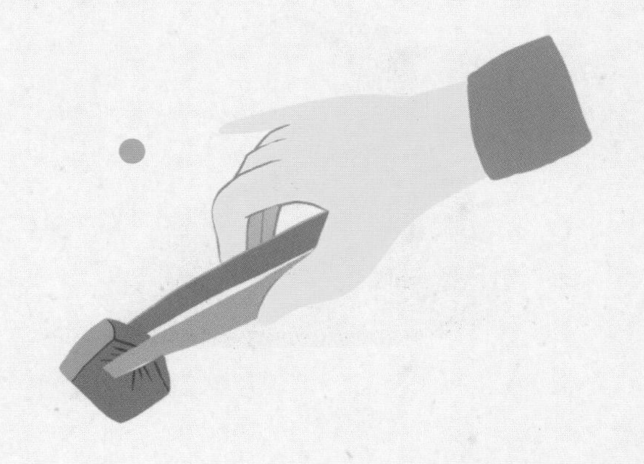

추리 예상

# 범퍼카는 어떻게 될까?

범퍼카끼리 부딪쳤어요. 파란색 범퍼카는 어떻게 될까요? 알맞은 말에 ◯ 하세요.

추리 예상

# 가방도 달리는 걸까?

기차 안에 있는 가방이 기차 밖에서는 어떻게 보일까요? 알맞은 말에 ◯ 하세요.

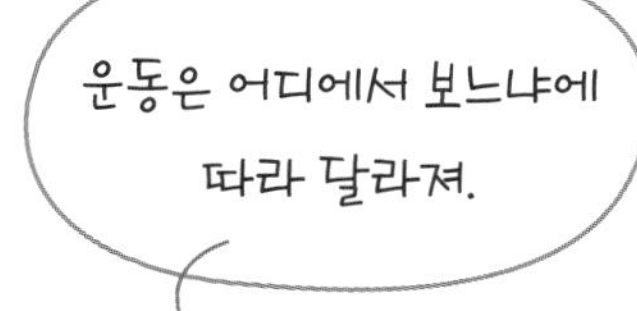

# 어떻게 될까?

용수철을 죽 당겼다 놓으면 어떻게 될까요? 이야기를 읽고, 알맞은 그림에 ◯ 하세요.

 당겼던 고무줄을 놓으면 어떻게 될까요? 알맞은 그림에 ○ 하세요.

추리 예상

# 인형을 날릴 수 있을까?

고무줄을 당겼다 놓으면 어떻게 될까요? 알맞은 그림에 ◯ 하세요.

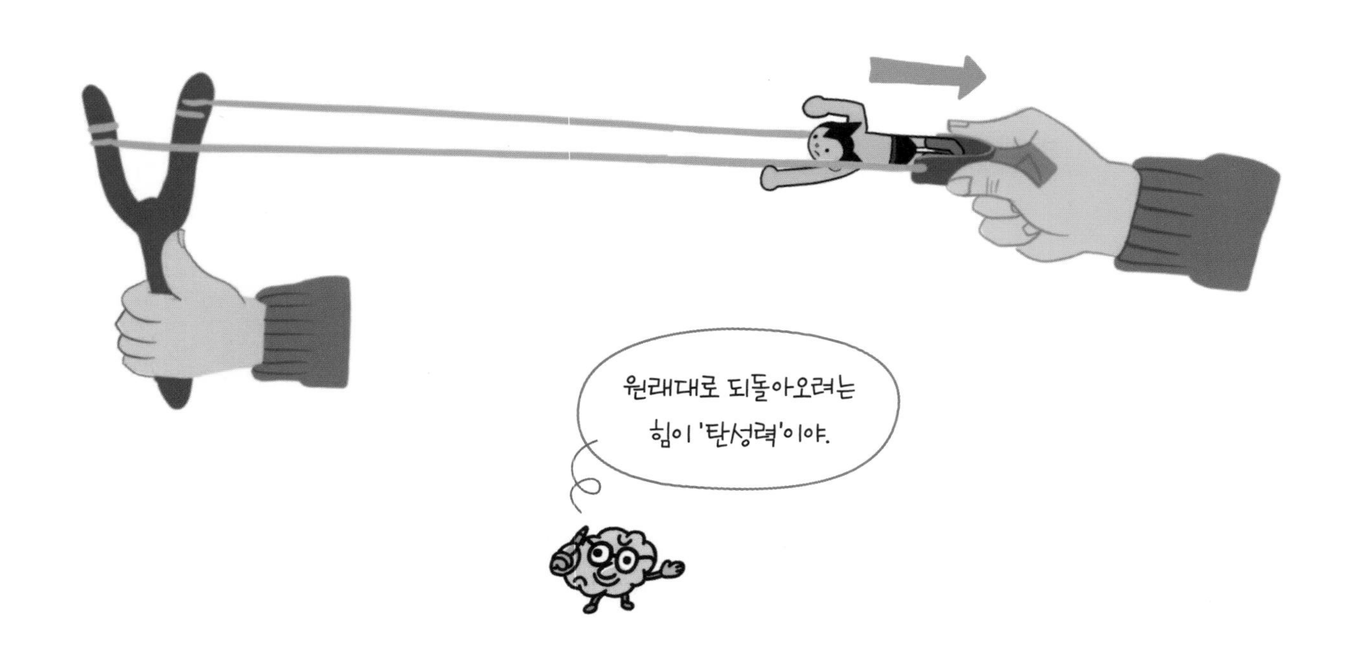

원래대로 되돌아오려는 힘이 '탄성력'이야.

# 어디에 앉을까?

시소를 탈 때 무거울수록 받침대 가까이 앉아요. 엄마와 아이가 시소를 탈 때 엄마는 어디에 앉을까요? 알맞은 글에 ◯ 하세요.

① 받침대 가까이 앉아요. ② 받침대 멀리 앉아요.

아빠와 시소를 타려면 아이는 어디에 앉을까요? 알맞은 곳에 붙임 딱지를 붙이세요.

# 왜 힘이 더 들까?

무거운 바위와 가벼운 돌멩이를 옮겨요. 이야기를 읽고, 어느 것을 옮길 때 힘이 더 드는지 알아보세요.

어느 공을 옮기는 데 힘이 더 들까요? 알맞은 그림에 ◯ 하세요.

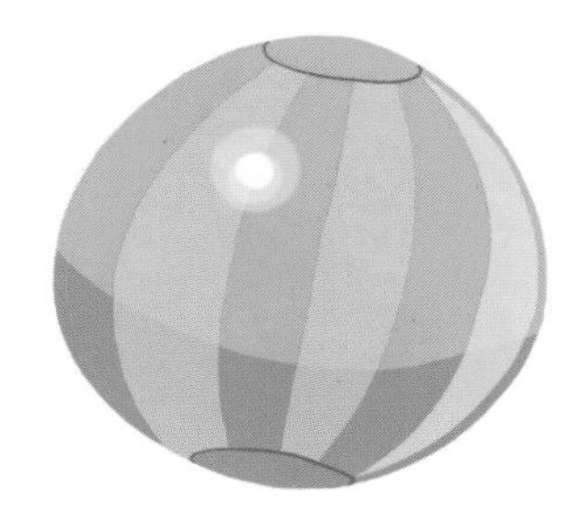

크지만 가벼운 공

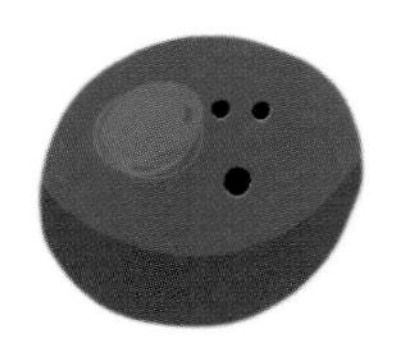

작지만 무거운 공

추리 예상

# 몸이 어떻게 될까?

차가 갑자기 출발하면 몸이 뒤로 쏠려요. 차가 갑자기 멈추면 어떻게 될까요? 알맞은 그림에 ◯ 하세요.

# 어느 쪽이 힘이 덜 들까?

★ 높은 곳에 오르려고 해요. 양쪽을 비교해 보고, 힘이 덜 드는 쪽에 ◯ 하세요.

 빗면을 써서 물건을 옮기려고 해요. 이야기를 읽고, 힘이 덜 드는 쪽에 ◯ 하세요.

추리 예상

# 병따개로 어떻게 딸까?

호치키스는 지레를 써서 움직여요. 어떻게 호치키스로 종이를 찍는지 알아보세요.

병따개도 지레를 써요. 힘을 주는 곳에 ●, 일을 하는 곳에 ● 붙임 딱지를 붙이세요.

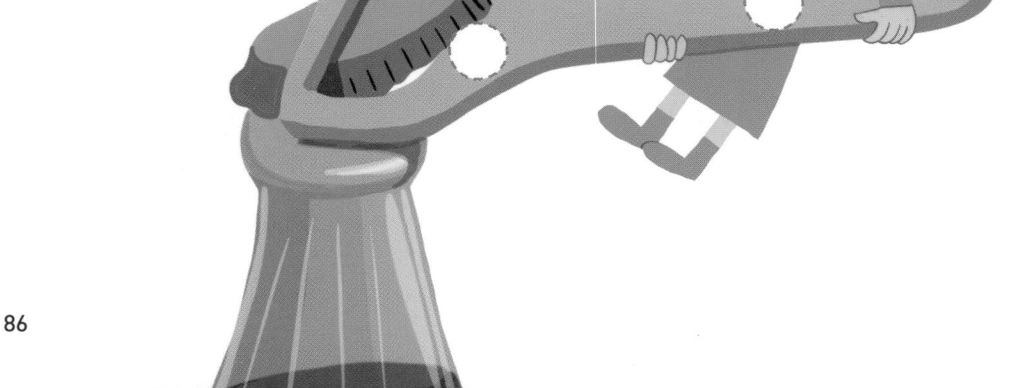

추리 예상

# 사자를 어떻게 옮길까?

적은 힘으로 무거운 사자를 옮겨요. 어떻게 했는지 그림과 글자를 선으로 이으세요.

추리
예상

# 누가 더 힘들까?

움직임을 방해하는 힘이 마찰력이에요. 물체가 무거울수록, 바닥이 거칠수록 마찰력이 커져요. 양쪽을 비교해 보고, 더 힘든 친구에 ○ 하세요.

추리 예상

# 코끼리를 들어 올리려면?

무거운 코끼리를 어떻게 들어 올릴지 생각해 보고, 글로 쓰세요.

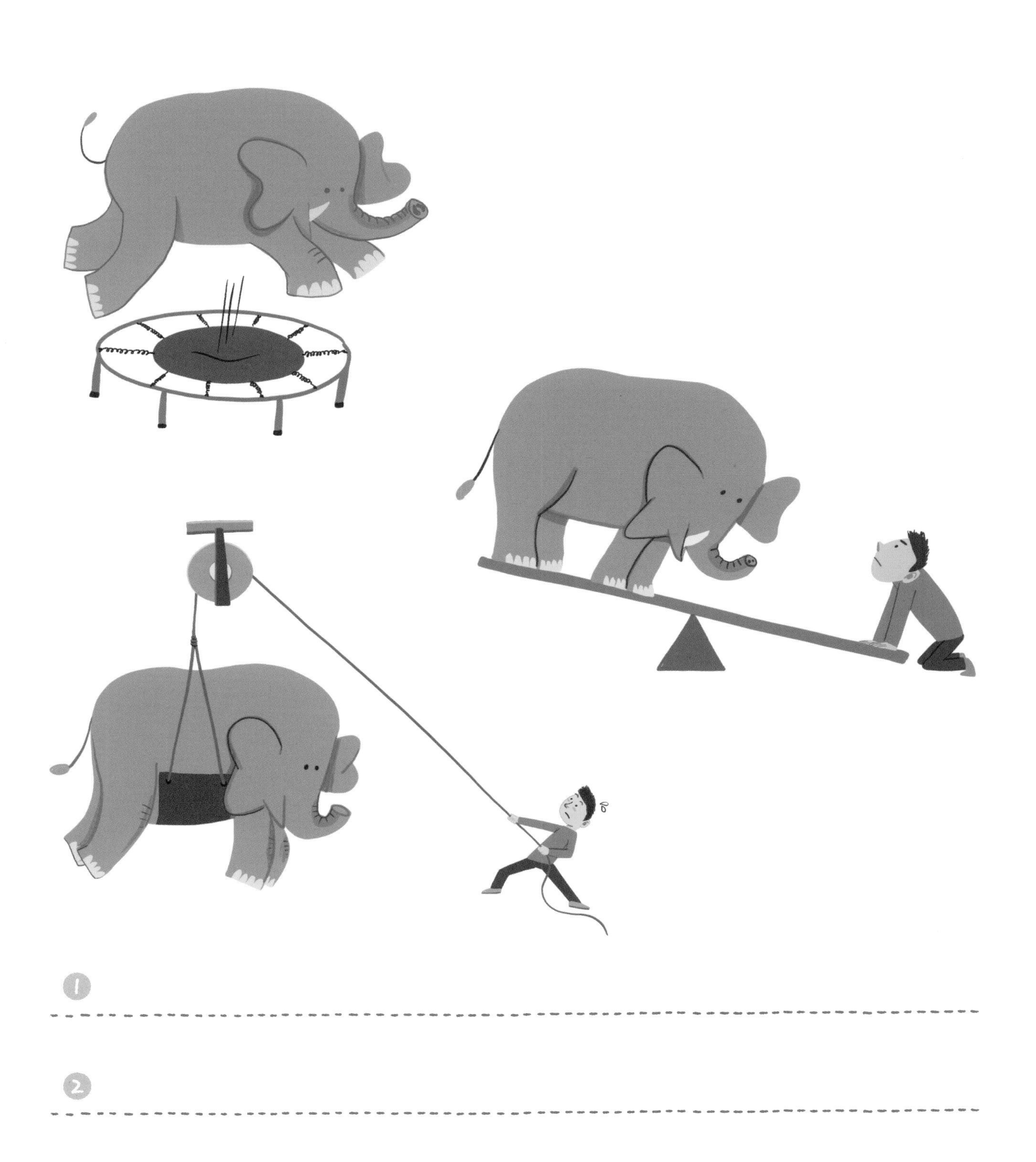

1 

2 

● 나를 칭찬합니다. 나는 힘과 에너지 공부를 매일 잘했습니다.

힘과 에너지에 대해서 알게 된 점은

# 엄지척상

이름

위 어린이는 월 일부터 월 일까지

힘과 에너지 학습을 거르지 않고 매일매일 잘 해냈기에

이 상장을 줍니다.

년 월 일

엄마 아빠

왕관 붙임 딱지를 붙이세요.

# 지구

## 관찰 탐구

- 날씨의 특징과 물의 순환 살펴보기
- 땅 모양과 화산 알아보기
- 땅속 들여다보기

## 분류 탐구

- 날씨와 관계있는 것끼리 모으기
- 먹이를 기준으로 공룡 나누어 보기
- 화석 분류하기

## 추리 · 예상 탐구

- 구름이나 바람이 생기는 순서 따져 보기
- 실험으로 날씨 현상의 원리 유추하기
- 화산의 특징과 가고 싶은 곳 글로 써 보기

교과 연계 단원

**여름 1학년 1학기** 여름 나라 **가을 1학년 2학기** 현규의 추석 **봄 2학년 1학기** 봄이 오면 **3학년 2학기** 지표의 변화
**4학년 1학기** 지층과 화석 **4학년 2학기** 화산과 지진 **5학년 2학기** 날씨와 우리 생활 **6학년 2학기** 계절의 변화

관찰 탐구

# 오늘 날씨 어때?

춥거나 덥고, 맑거나 흐린 것이 날씨예요. 공원의 날씨를 찾아 선으로 이으세요.

바람이 세게
불고, 흐린 날씨야.

햇빛이 비치는
맑은 날씨야.

눈이 오고,
추운 날씨야.

맑은 날씨인가요, 흐린 날씨인가요? 날씨에 어울리는 구름을 붙임 딱지에서 찾아 붙이세요.

관찰
탐구

# 어울리지 않는 그림

바람이 부는 날씨와 어울리지 않는 3가지를 찾아 ◯ 하세요.

 비 오는 날씨와 어울리지 않는 3가지를 찾아 ◯ 하세요.

관찰 탐구

# 날씨 도미노

무엇일까요? 도미노 카드를 읽고, 알맞은 글자 붙임 딱지를 붙이세요.

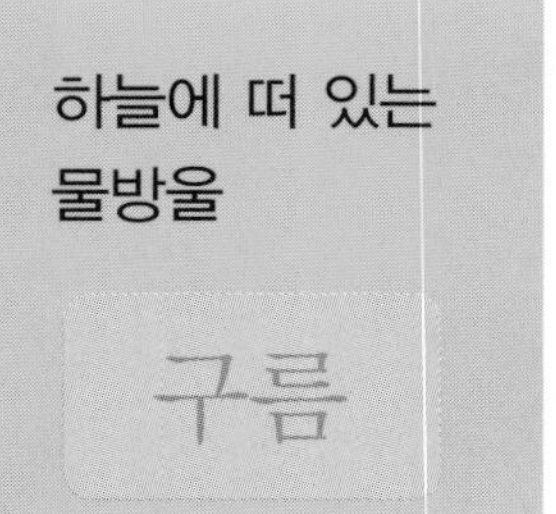


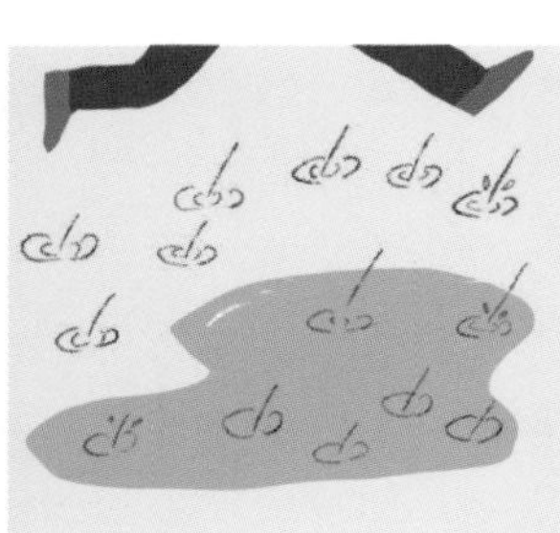

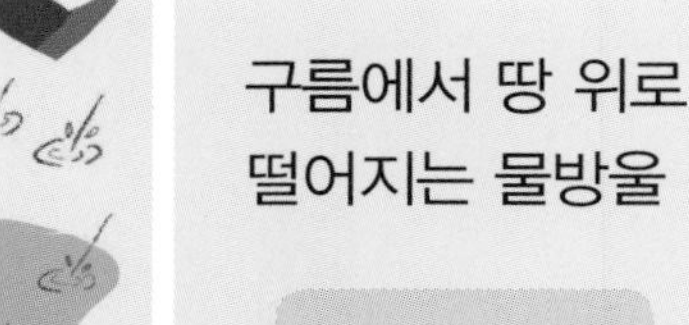


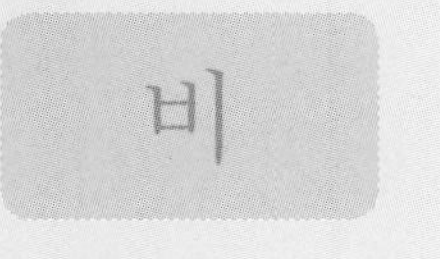

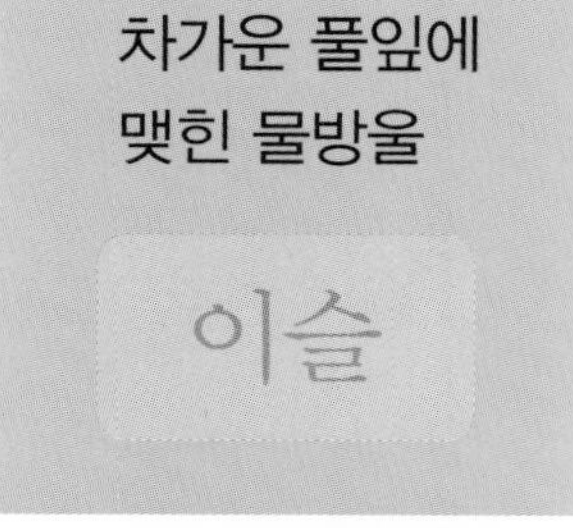

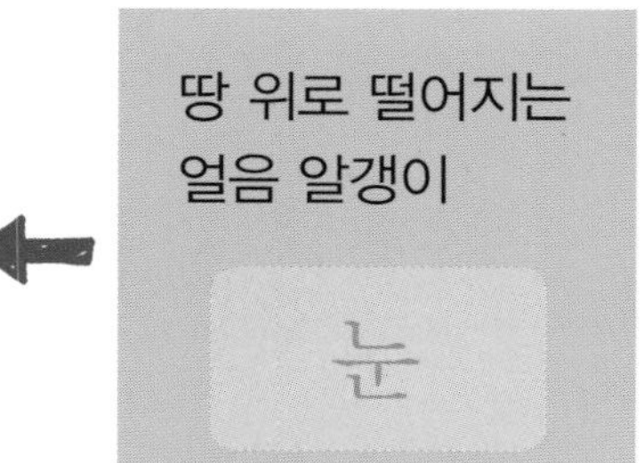


도착

관찰
탐구

# 모습이 바뀌는 물

바닷물이었던 방울이는 어디에 있나요? 방울이가 어떻게 달라지는지 알맞은 글자 붙임 딱지를 붙이세요.

# 가위바위보 게임

어떤 날씨인가요? 가위바위보를 해서 이기면 날씨를 알려 주는 그림을 붙임 딱지에서 찾아 게임 판에 붙이세요.

게임 방법

① 자신의 게임 판을 정하세요.

② 가위바위보를 해서 이긴 사람은 빈칸에 붙임 딱지를 붙이세요.
붙임 딱지를 붙일 때는 관계있는 날씨 옆에 붙이세요.

③ 게임 판을 먼저 채운 사람이 이겨요.

관찰 탐구

# 땅 모양

땅은 어떻게 생겼나요? 관찰씨의 말을 읽고, 땅 모양을 살펴보세요.

 땅 모양에 알맞은 글자 붙임 딱지를 붙이세요.

강과 시내가
하천이야.

평야

하천

산

해안

바다와 땅이
맞닿아 있어.

관찰 탐구

# 흙

흙이 어떻게 다른가요? 알맞은 글자 붙임 딱지를 붙이세요.

 자갈, 흙, 모래를 살펴보고, 쓰이는 곳을 찾아 선으로 이으세요.

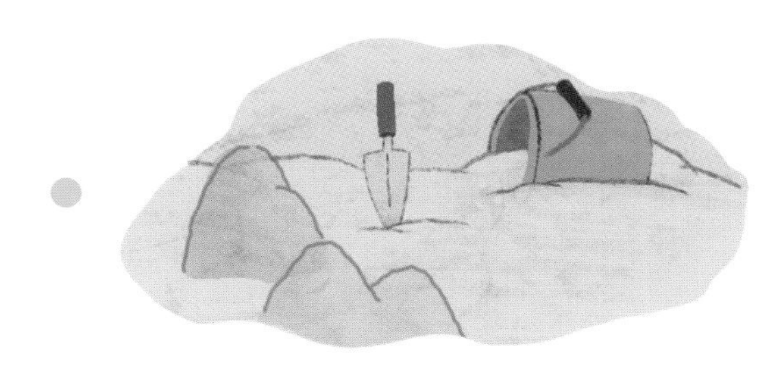

자갈

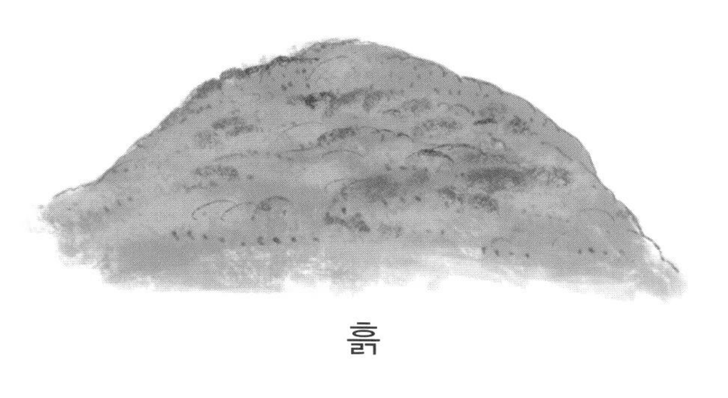

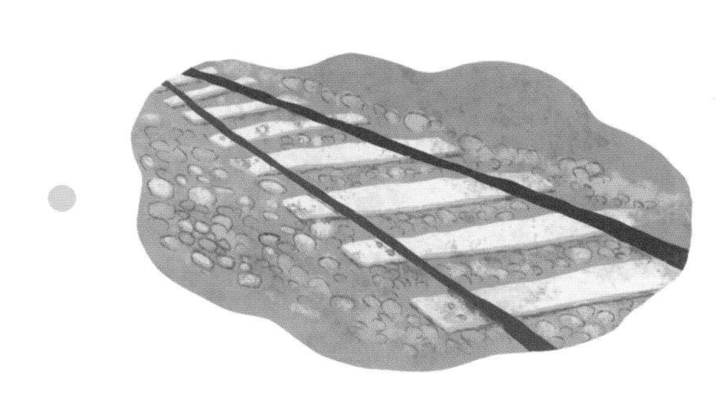

흙

모래

# 땅속

흙과 바위로 이루어진 땅의 안쪽이에요. 관찰씨가 가리키는 흙을 찾아 ◯ 하세요.

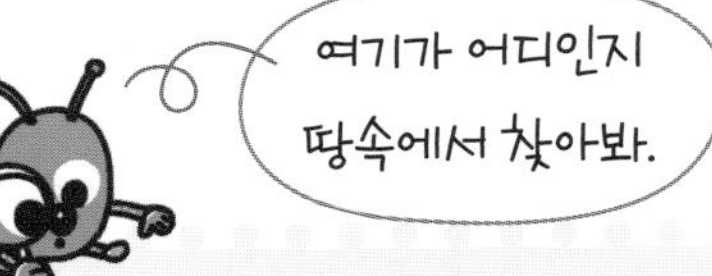


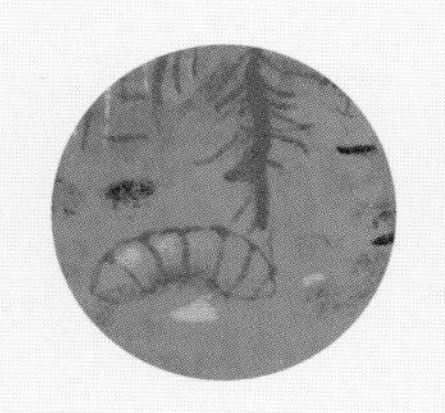

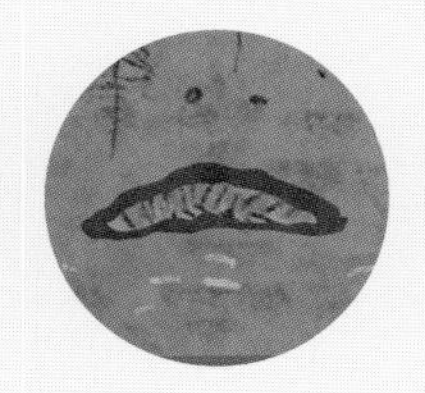

 땅속은 어떻게 생겼나요? 알맞은 곳에 붙임 딱지를 붙이세요.

관찰 탐구

# 화산

땅속 깊은 곳에서 무엇이 뿜어져 나오나요? 화산을 살펴보고, 글자 붙임 딱지를 붙이세요.

 땅에 어떤 일이 생겼나요? 붙임 딱지로 화산을 꾸미세요.

분류 탐구

# 날씨와 관계있는 것끼리

비와 관계있는 물건이나 날씨를 찾아 길을 따라가세요.

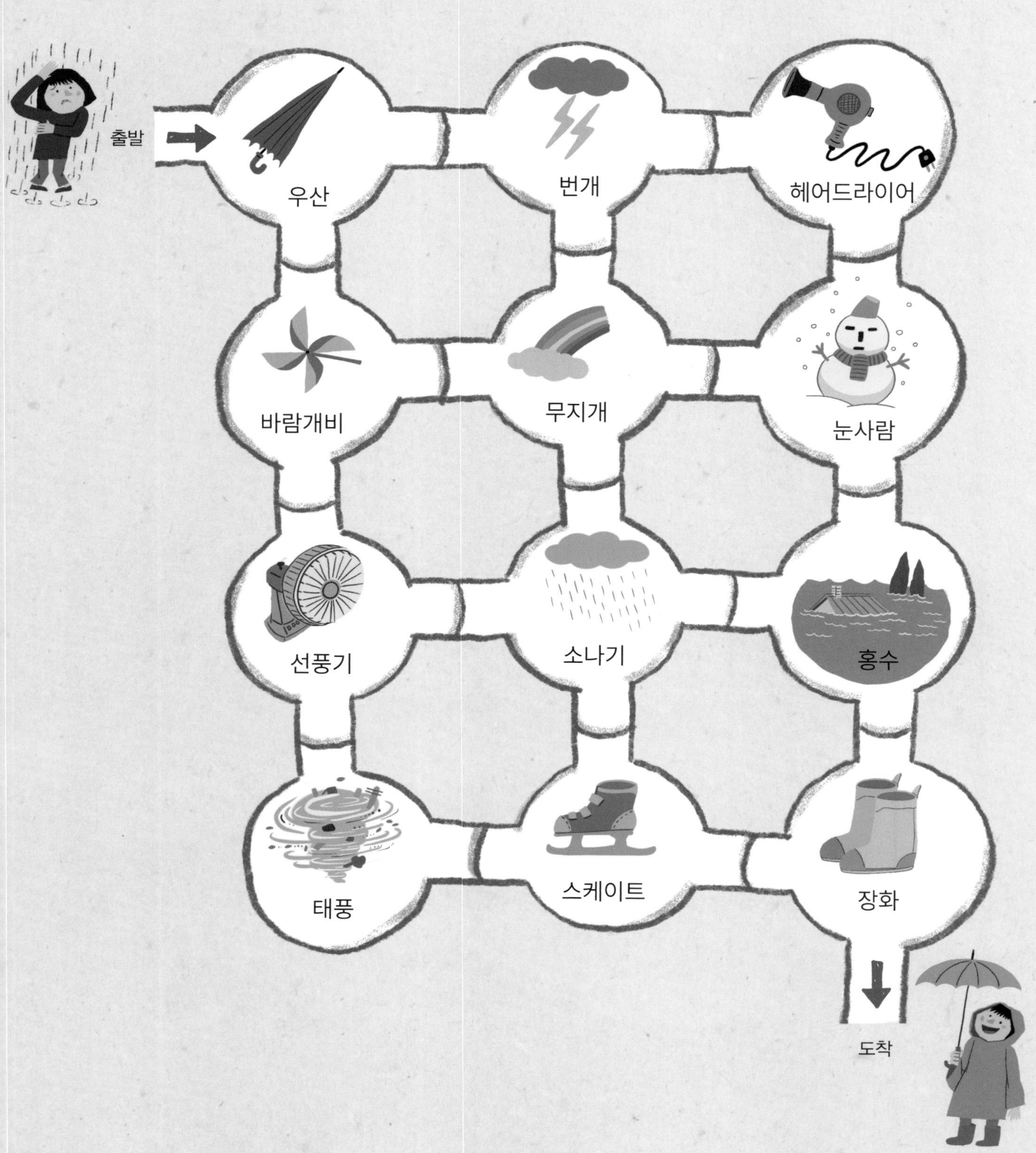

날씨에 따라 필요한 물건이 달라요. 모은 물건을 보고 알맞은 글과 선으로 이으세요.

건조할 때 필요한 물건

습할 때 필요한 물건

분류 탐구

# 봄, 여름, 가을, 겨울

계절에 따라 나누었어요. 계절과 관계있는 것을 붙임 딱지에서 찾아 알맞은 곳에 붙이세요.

분류
탐구

# 항상 더운 곳, 항상 추운 곳

항상 추운 곳이나 항상 더운 곳과 관계있는 것끼리 모았어요. 붙임 딱지에서 찾아 알맞은 곳에 붙이세요.

# 물건을 어떻게 나누지?

여행을 가는 곳에 어울리는 물건끼리 모으세요. 사막에 어울리는 물건과 바다에 어울리는 물건으로 나누어 붙임 딱지를 붙이세요.

# 공룡을 어떻게 나누지?

풀을 먹는 공룡과 다른 공룡을 잡아먹는 공룡으로 나누어 붙임 딱지를 붙이세요.

다른 공룡을 잡아먹는 공룡을 붙이세요.

풀을 먹고 살았던 공룡은
초식 공룡, 다른 공룡을 잡아먹고
살았던 공룡은 육식 공룡이야.

# 화석 분류 놀이

★ 화석은 무엇일까요? 손놀이 꾸러미에 있는 분류 카드로 분류 놀이를 하세요.

★ 화석과 화석이 아닌 것으로 나누세요.

화석 카드를 모으세요.

화석이 아닌 카드를 모으세요.

화석을 다시 동물 화석과 식물 화석으로 나누세요.

동물 화석 카드를 모으세요.

식물 화석 카드를 모으세요.

추리
예상

# 구름은 어떻게 생길까?

★ 물방울이 하늘로 올라가요. 이야기를 읽고, 그림에 알맞은 순서를 쓰세요.

뜨거운 물이 담긴 병에 얼음을 올려놓으면 어떻게 될까요? 알맞은 그림에 ◯ 하세요.

추리 예상

# 왜 바람이 생길까?

★ 파랑이는 찬 공기, 빨강이는 따뜻한 공기예요. 이야기를 읽고, 알맞은 글에 ◯ 하세요.

1 바람은 찬 파랑이가 따뜻한 땅으로 움직이는 거예요.

2 바람은 따뜻한 빨강이가 찬 바다로 움직이는 거예요.

 바람은 공기가 움직이는 것입니다. 공기가 많은 곳에서 적은 곳으로 공기 알갱이들이 움직이면서 바람이 붑니다.

비닐봉지에 따뜻한 바람을 넣으면 어떻게 될까요? 이야기를 읽고, 알맞은 그림에 ◯ 하세요.

# 날씨를 미리 알 수 있을까?

미리 날씨를 알려 주는 일기 예보를 보고, 내일 필요한 물건에 ○ 하세요.

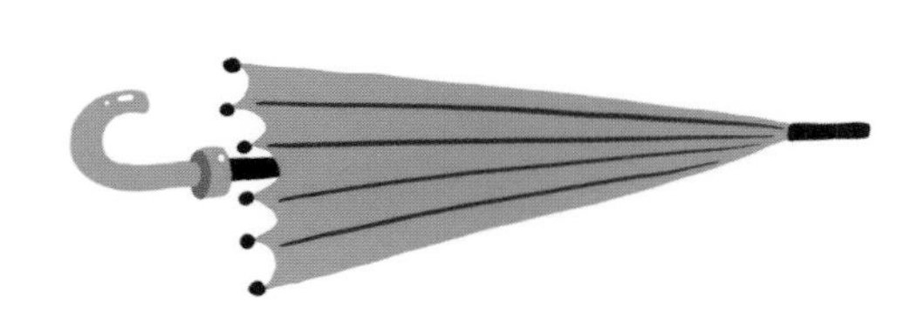

공기가 깨끗한지, 아닌지 알려 주는 지도예요. 서울, 세종, 대구의 공기는 어떤가요? 추리군의 말을 읽고, 글로 쓰세요.

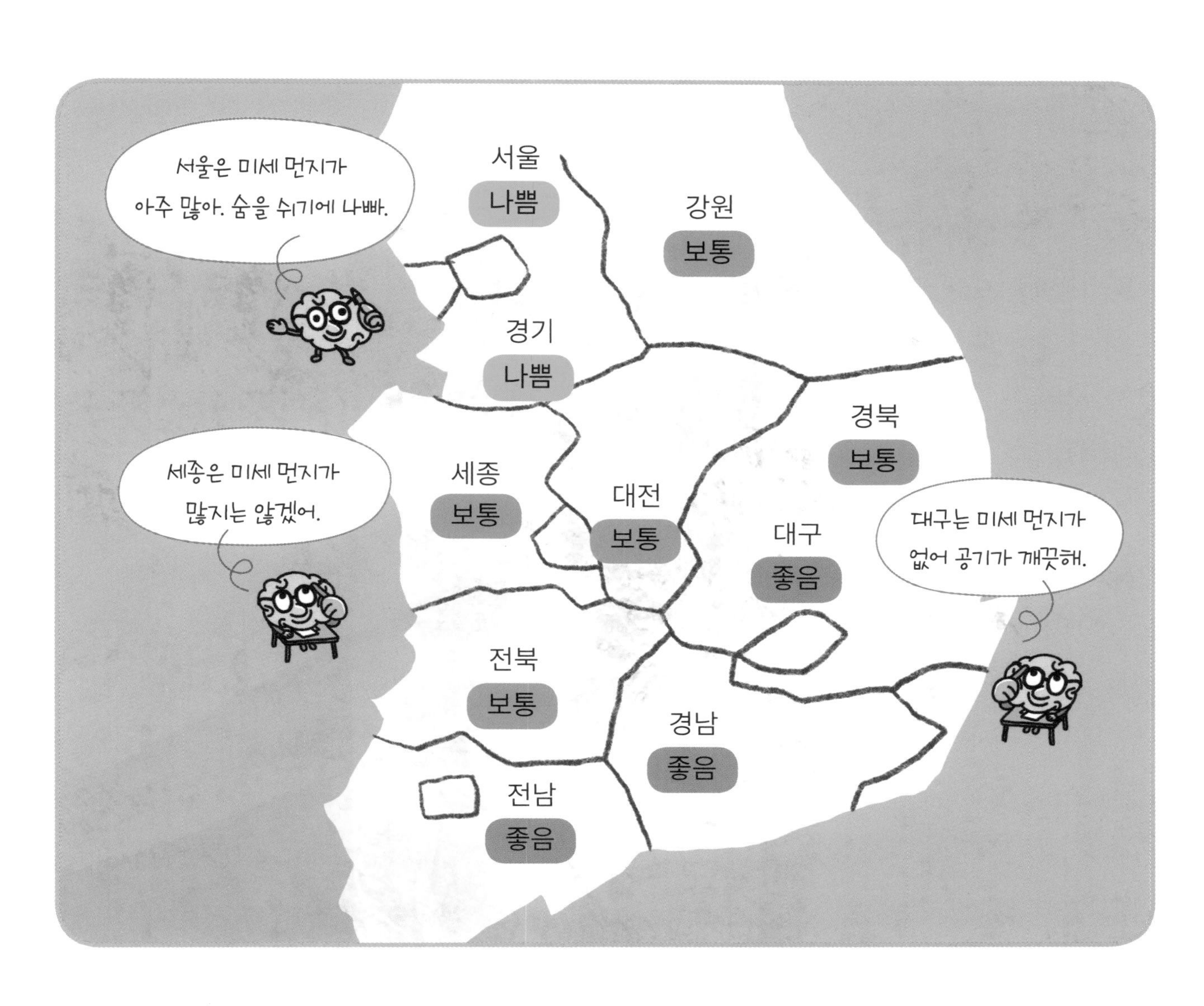


1 ---------------------------------------------

2 ---------------------------------------------

3 ---------------------------------------------

추리 예상

# 화석은 어떻게 만들어졌을까?

옛날에 살았던 물고기가 화석이 되었어요. 추리군의 말을 읽고, 그림에 알맞은 순서를 쓰세요.

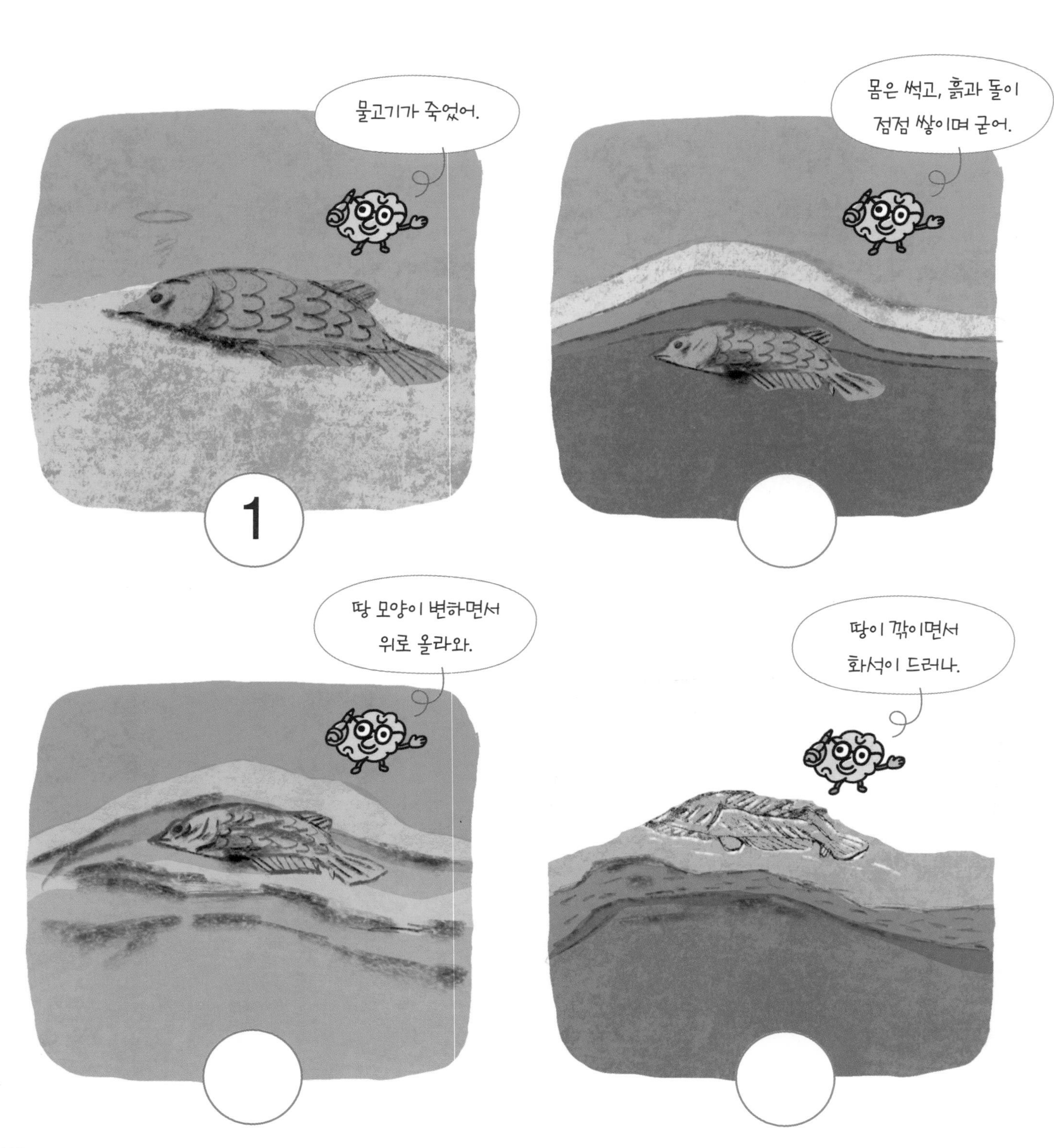

 화석을 보고 무엇을 알았는지 찾아 길을 따라가세요.

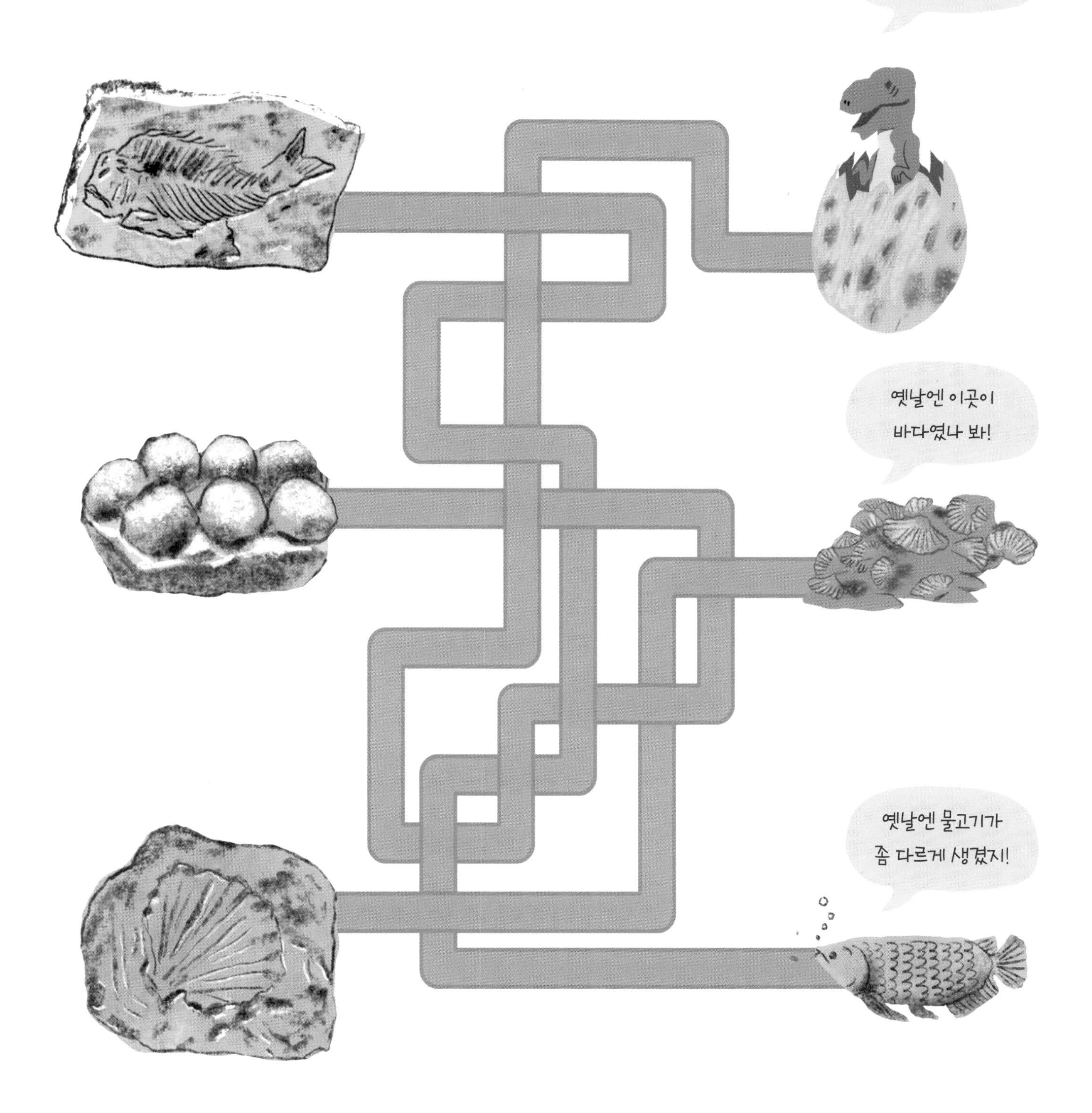

추리 예상

# 누구의 뼈일까?

흩어진 뼈를 맞춰, 누구인지 찾아 선으로 이으세요.

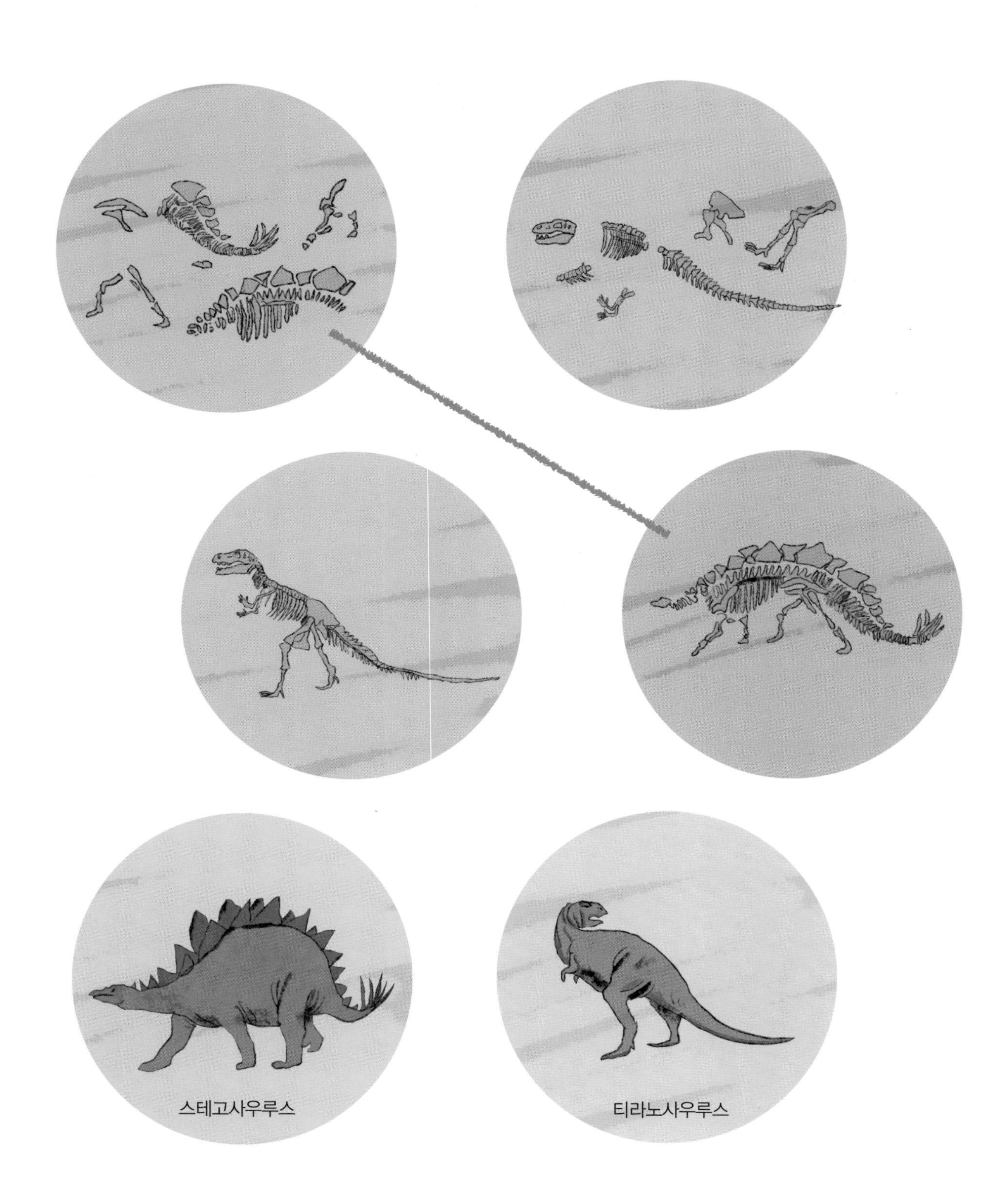

# 화산은 어떻게 만들어질까?

화산에 분화구가 생겼어요. 추리군의 말을 읽고, 알맞은 순서를 쓰세요.

추리 예상

# 어떤 화산일까?

화산마다 모습이 달라요. 추리군이 가리키는 모양과 같은 화산을 붙임 딱지에서 찾아 붙이세요.

붙임 딱지를 붙이세요.

산방산(제주도)

붙임 딱지를 붙이세요.

후지산(일본)

산방산은 점성이 큰 용암이 흘러서 경사가 큰 종상 화산이고, 후지산은 용암과 다른 분출물이 교대로 쌓인 원뿔 모양의 성층 화산입니다.

화산 활동으로 생긴 곳이에요. 가 보고 싶은 곳을 글로 쓰세요.

1

2

● 나를 칭찬합니다. 나는 지구 공부를 매일 잘했습니다.

지구에 대해서 알게 된 점은

# 과학척척상

이름

위 어린이는 월 일부터 월 일까지

지구 학습을 거르지 않고 매일매일 잘 해냈기에

이 상장을 줍니다.

년 월 일

엄마 아빠

왕관 붙임 딱지를
붙이세요.

# 학부모와 함께보는 쉬운 해설집

# 즐깨감 과학탐구 3

물질 • 힘과 에너지 • 지구

와이즈만 BOOKs

# 물질 해답과 도움말

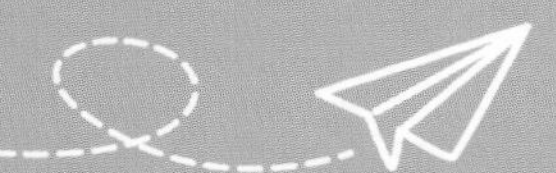

## 이런 내용을 배웠어요.

### 관찰 탐구

- 물질의 개념과 이름 알아보기
- 물질의 특성과 쓰임새 살펴보기
- 고체, 액체, 기체 상태 비교하기

### 분류 탐구

- 만든 물질이 같은 물건끼리 모으기
- 모인 물질의 분류 기준 찾기
- 쇠의 특성을 이용하여 물건 나누기

### 추리 · 예상 탐구

- 알게 된 사실을 근거로 기체가 있는지 판단하기
- 물 위에 뜨는 물질, 가라앉는 물질 유추하기
- 물질의 특성을 근거로 문제 해결하기

16~17쪽

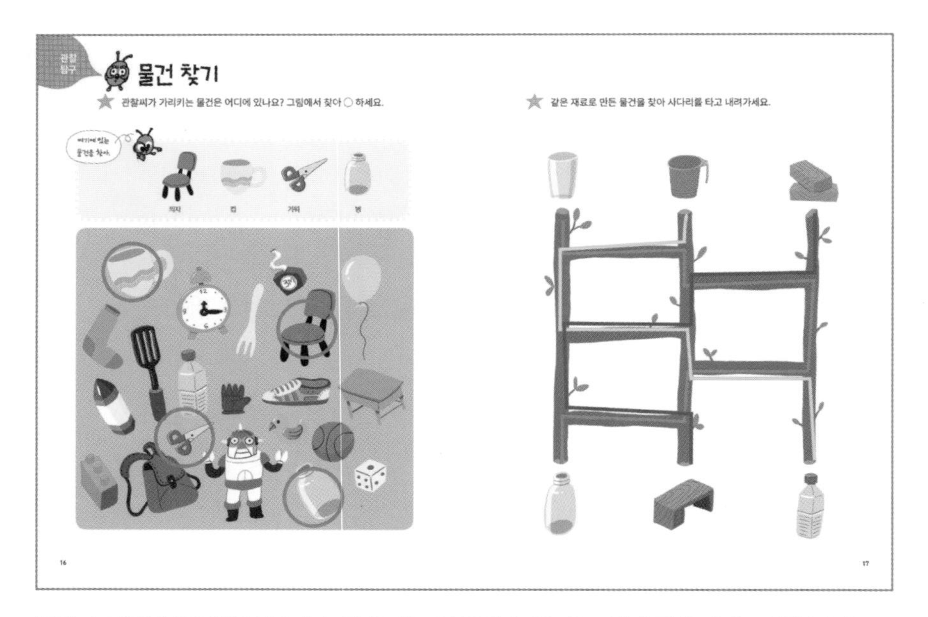
관찰 탐구

물건 찾기

★ 관찰씨가 가리키는 물건은 어디에 있나요? 그림에서 찾아 ○ 하세요.



★ 같은 재료로 만든 물건을 찾아 사다리를 타고 내려가세요.

**물건과 재료를 구분하여 봅니다. 같은 재료의 물건을 찾아보며 '재료'에 대해 이해합니다.**

16쪽 물건은 구체적인 형태를 가지고 있는 물체입니다. 보기에 있는 물건을 찾으면서 물체에 대해 알고, 관찰력도 키웁니다.

17쪽 모양은 다르지만 만들어진 재료가 같은 물건을 찾습니다. 유리, 플라스틱, 나무가 재료라는 것을 압니다.

## 18~19쪽

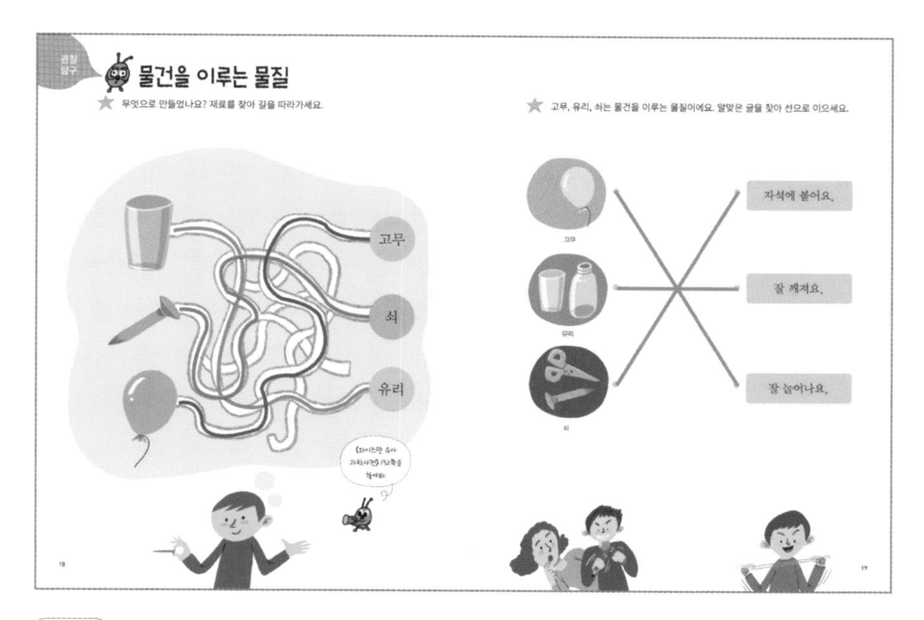


18쪽 물건을 만드는 재료가 물질입니다. 물질은 물체를 이루고 있는 본바탕입니다. 컵, 못, 풍선이라는 물건을 이루고 있는 유리, 쇠, 고무라는 물질을 찾아봅니다.

19쪽 고무줄, 고무풍선, 유리컵, 유리병, 쇠가위, 쇠못의 공통점을 찾아봅니다. 공통점이나 차이점을 찾아 물질의 특성을 관찰합니다.

## 20~21쪽

20쪽 물질의 특성을 한 가지씩 살펴보면서 무엇인지 알아봅니다. 쇠는 열전도율이 높아서 금세 뜨거워지고, 자석에 붙는 성질이 있습니다.

21쪽 여러 가지 물질로 만든 물건을 찾아봅니다. 가위는 쇠와 플라스틱, 자전거는 금속과 고무, 가죽, 플라스틱 따위의 여러 가지 물질로 이루어져 있습니다. 물질의 성질에 따라 쓰임새가 다릅니다.

**소금, 설탕, 물, 식초, 우유, 코코아도 물질입니다. 물질은 저마다의 맛과 성질이 있습니다. 두 물질을 섞은 혼합물을 비교하며 각각의 특성이 그대로 남는 것을 관찰해 봅니다.**

22쪽 소금과 설탕은 색깔은 같고, 맛이 다릅니다. 물과 식초는 같은 액체의 상태이고, 색깔과 맛이 다릅니다. 물질을 관찰할 때는 색깔, 알갱이의 모양, 맛 등의 특성을 살펴봅니다.

23쪽 두 가지가 섞인 물질이 혼합물입니다. 소금물, 설탕물이 혼합물입니다. 혼합물에 섞인 물질 각각의 특성은 바뀌지 않습니다. 소금이 섞인 혼합물은 짠맛이, 설탕이 섞인 혼합물은 단맛이 납니다. 갈색 코코아와 우유를 섞은 혼합물은 갈색, 흰색 소금과 우유를 섞은 혼합물은 흰색을 띱니다.



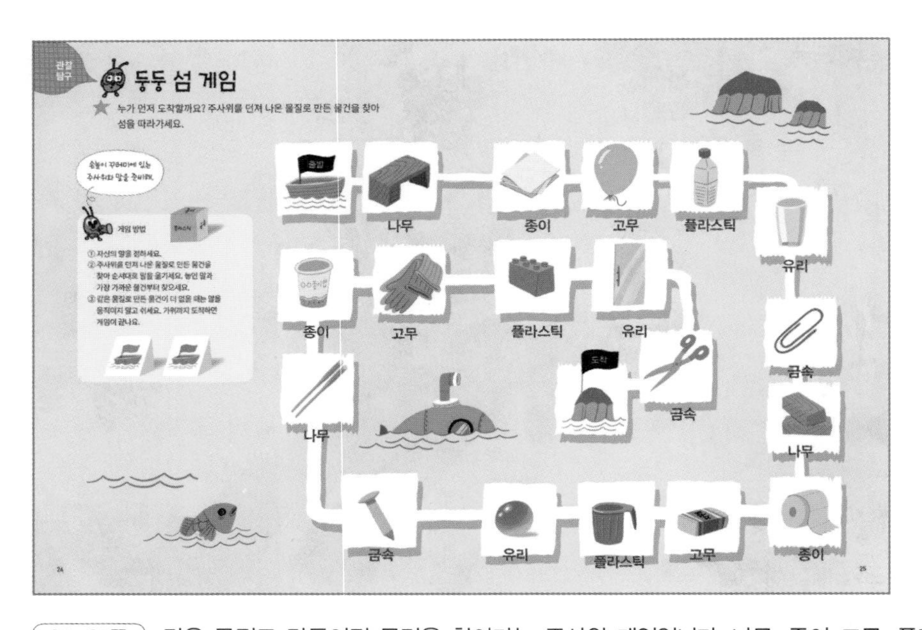


24~25쪽 같은 물질로 만들어진 물건을 찾아가는 주사위 게임입니다. 나무–종이–고무–플라스틱–유리–금속 물질이 순서대로 놓여 있습니다. 주사위를 던져 '나무' 글자가 나오면 첫 번째 나무 책상에 말을 놓습니다. 다시 순서가 돌아왔을 때도 '나무' 글자가 나오면 두 번째 놓여 있는 나무 블록에 말을 옮깁니다. 주사위를 던져 나온 물질이 나아가는 방향에 없을 때는 그대로 멈춥니다. 마지막에 금속이 나와 가위에 도착하면 게임이 끝납니다.

## 26~27쪽

26쪽 물의 고체 상태가 얼음입니다. 일정한 모양과 부피가 있으며 쉽게 변형되지 않는 물질의 상태입니다. 물은 액체 상태입니다. 일정한 부피는 가졌으나 일정한 모양을 가지지 못한 상태입니다. 담기는 그릇에 따라 모양이 바뀝니다.

27쪽 얼음이나 유리컵은 일정한 부피가 있어서 손으로 쥘 수 있습니다. 물은 손가락 사이로 흘러내려 쥘 수 없습니다. 고체인 얼음과 같은 상태의 물질을 찾아봅니다. 물질끼리 비교하여 차이점과 공통점을 찾는 관찰 탐구입니다.

## 28~29쪽

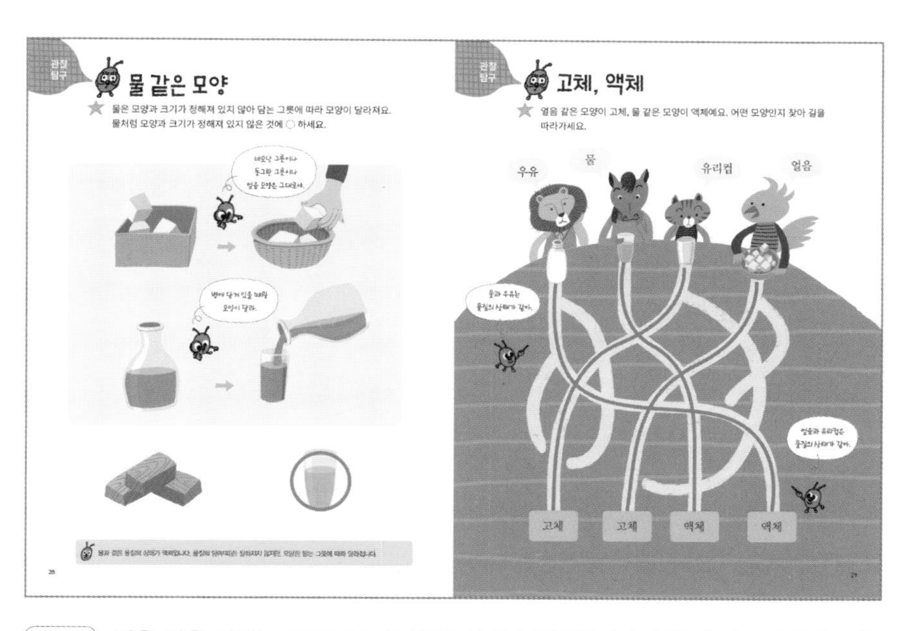


28쪽 얼음 같은 상태는 고체이고, 물 같은 상태가 액체입니다. 얼음과 다르게 물은 담는 그릇에 따라 모양이 변합니다.

29쪽 우유, 물은 액체이고 유리컵, 얼음은 고체입니다. 판단하기 어려울 때는 그릇에 옮겨 담아 봅니다. 모양이 그대로 있다면 고체, 그릇 모양에 따라 바뀐다면 액체입니다.

## 30~31쪽

30쪽 가장 쉽게 알 수 있는 기체가 공기입니다. 비닐봉지에 공기를 가득 채우면 탱탱해지고, 공기를 빼면 쭈글쭈글해집니다. 가정에서 직접 실험해 봅니다.

31쪽 눈으로 볼 수 없지만 공기가 들어 있는 것을 알 수 있습니다. 풍선이나 빈 페트병, 공이 탱탱한 것은 공기가 들어 있기 때문입니다.

## 32~33쪽

**분류한 무리 중에 기준에 맞지 않는 물건을 찾습니다.**

32쪽 나무로 만든 물건의 무리에서 색종이는 기준에 맞지 않습니다. 종이로 만든 물건의 무리에서 플라스틱 블록이 기준에 맞지 않습니다.

33쪽 플라스틱으로 만든 물건의 무리에서 고무장갑, 고무로 만든 물건의 무리에서 티슈(화장지)는 기준에 맞지 않습니다.

## 34~35쪽

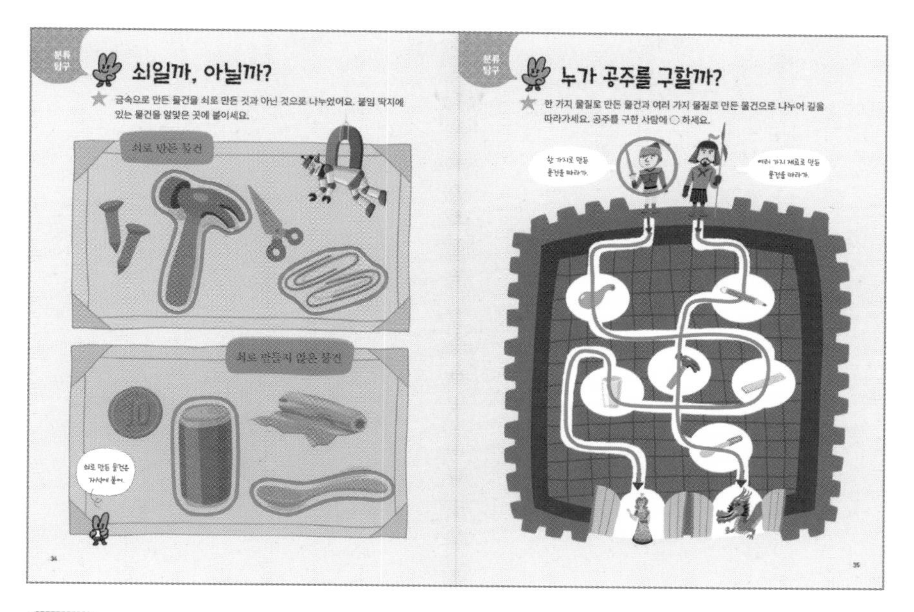


34쪽 쇠, 구리, 알루미늄, 금 같은 물질이 금속입니다. 금속으로 만든 물건 중 못, 가위, 망치, 클립은 쇠로 만들어졌고, 구리가 섞인 동전, 알루미늄 포일이나 캔, 철이 섞인 스테인리스 숟가락은 쇠가 아닌 금속으로 만들어졌습니다. 금속 중 쇠만 자석에 붙습니다. 쇠는 철을 일상적으로 이르는 말입니다.

35쪽 고무풍선, 플라스틱 자, 유리컵은 한 가지 재료로 만든 물건입니다. 연필은 고무, 나무, 흑연으로, 망치는 쇠, 나무로, 숟가락은 플라스틱, 스테인리스로 이루어졌습니다. 물질마다 특성이 달라서 물건의 쓰임새에 맞게 여러 가지 물질로 물건을 만들기도 합니다.

## 36~37쪽

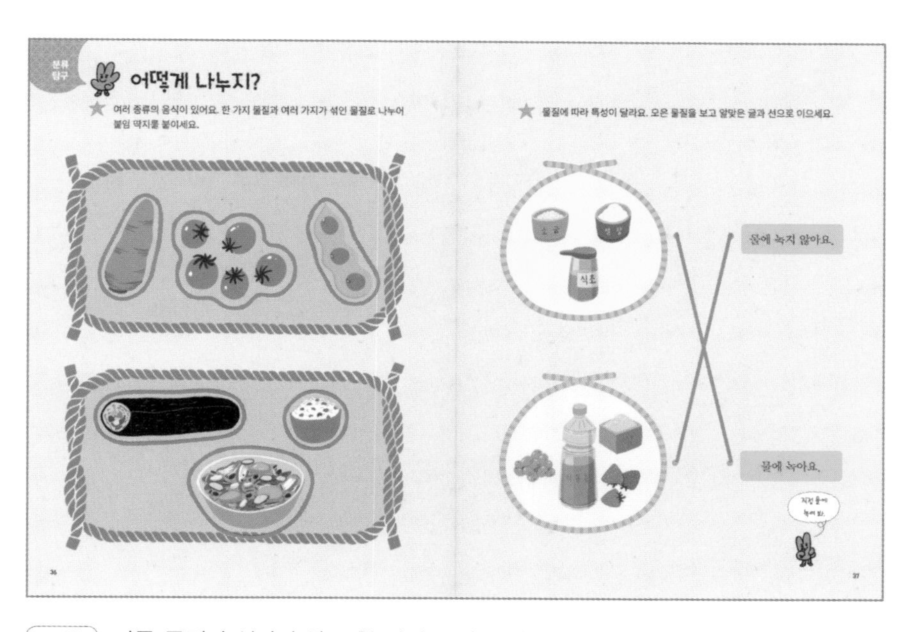


36쪽 다른 물질이 섞이지 않고 한 가지 물질로 이루어진 순수한 물질을 순물질, 두 가지 이상의 순물질이 섞인 물질을 혼합물이라고 합니다. 당근, 방울토마토, 콩은 순물질로, 샐러드, 잡곡밥, 김밥은 혼합물로 분류할 수 있습니다.

37쪽 물질마다 고유의 특성이 있습니다. 여러 가지 특성 중 물에 녹는 정도를 기준으로 나누어 봅니다. 소금, 설탕, 식초는 물에 녹는 특성이 있고, 콩, 식용유, 쌀, 딸기는 물에 녹지 않는 특성이 있습니다. 공통점과 차이점을 생각해 보고, 분류 기준을 찾습니다.

38~39쪽

38쪽 도넛, 고무풍선, 그릇, 블록, 나무 주걱, 식초, 우유, 식용유를 두 무리로 모은 기준을 찾습니다. 도넛, 고무풍선, 그릇, 블록, 나무 주걱은 일정한 형태를 이루고 있는 고체입니다. 식초, 우유, 식용유는 형태가 일정하지 않은 액체입니다.

39쪽 액체인 음료를 탄산 가스가 들어 있는 음료와 아닌 것을 기준으로 나누어 봅니다. 콜라, 사이다, 레모네이드는 탄산 가스(이산화 탄소)가 녹아 있는 탄산음료입니다.

40~41쪽

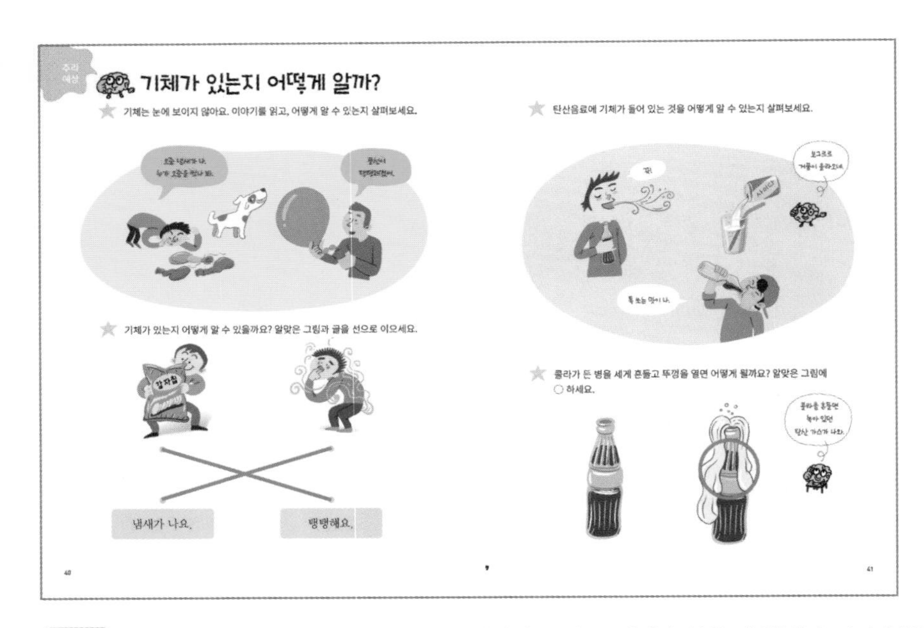


40쪽 기체는 눈으로 볼 수 없습니다. 위의 이야기를 읽고, 기체가 있을 때 냄새가 나거나 빈 공간이 탱탱해진다는 사실을 알아봅니다. 알게 된 사실을 근거로 아래 문제를 해결해 봅니다. 과자 봉지에는 질소 가스가 들어 있고, 방귀는 음식에 들어 있는 황을 포함한 아미노산이 황화수소를 만들어 냄새가 납니다.

41쪽 탄산음료인 콜라에는 이산화 탄소가 들어 있어서 트림을 하거나 톡 쏘는 맛을 내고, 거품이 보그르르 생깁니다. 위에서 알게 된 사실을 근거로 콜라가 어떻게 될지 유추해 봅니다. 콜라병의 뚜껑을 열면 녹았던 이산화 탄소가 다시 기체가 되어 거품으로 올라오게 됩니다.

## 42~43쪽

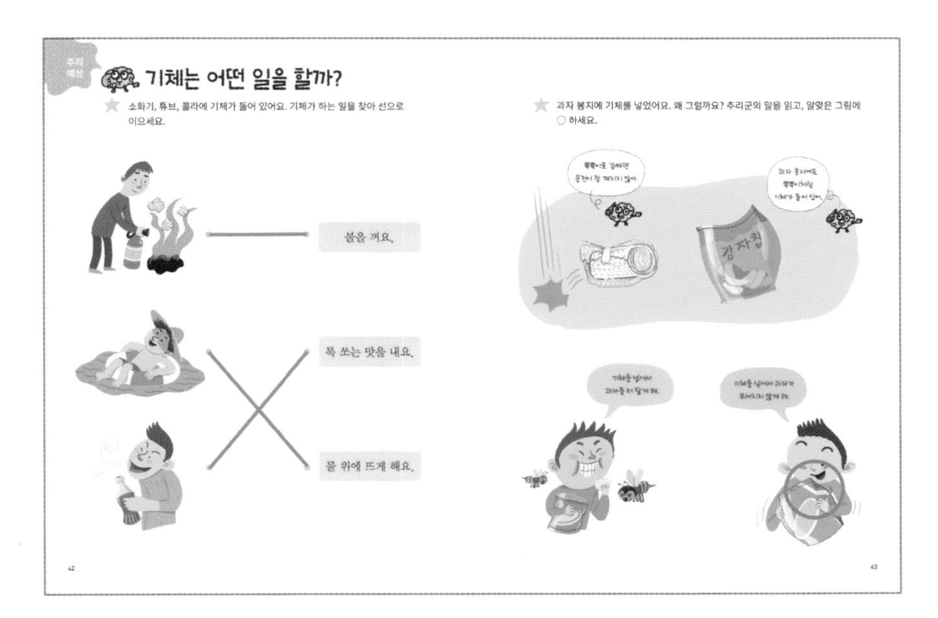


42쪽 소화기 안에 이산화 탄소가 액체 상태로 저장되어 있다가 가스로 방출되어 불을 끕니다. 튜브 안에는 공기가 들어 있어 물에 뜰 수 있게 합니다.

43쪽 뽁뽁이 안에 공기가 들어 있어 충격을 완충시켜 줍니다. 과자 봉지 안에 질소라는 기체를 넣는 것은 기체가 충격을 완충시켜 과자가 부서지지 않게 하기 위해서입니다. 추리군이 알려 준 사실을 근거로 과자 봉지에 기체를 넣는 이유를 유추해 봅니다.

## 44~45쪽

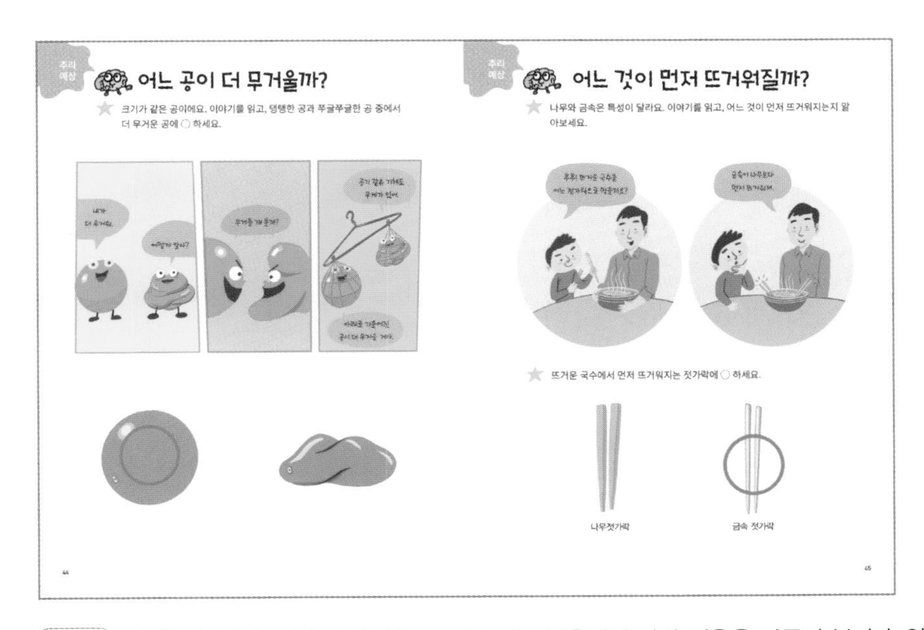


44쪽 기체도 무게가 있습니다. 가정에서 옷걸이를 이용해서 양팔 저울을 만들어 봅니다. 양팔 저울에 잴 때는 기울어진 쪽이 더 무겁다는 사실을 이야기를 통해 알아봅니다. 알게 된 사실을 근거로 탱탱한 공이 쭈글쭈글한 공보다 기체가 더 많아 더 무겁다는 사실을 유추해 봅니다.

45쪽 물질마다 열이 전해지는 정도가 다릅니다. '열전도'라고 하며, 가정에서 쉽게 실험해 볼 수 있습니다. 금속은 나무보다 열을 더 빨리 전달한다는 사실을 통해 금속 젓가락이 먼저 뜨거워진다는 것을 유추해 봅니다.

## 46~47쪽

**물질의 성질 중에서 물에 뜨는 것과 뜨지 않는 성질에 대해 알아봅니다. 가정에서 여러 가지 물질로 직접 실험해 보고, 실험하기 전에 결과를 먼저 생각해 보는 것이 예상하기 탐구입니다.**

46쪽 이야기를 통해 유리병은 물에 가라앉고, 플라스틱 병은 물에 뜬다는 사실을 알아봅니다. 알게 된 사실을 근거로 플라스틱 컵과 유리컵이 어떻게 될지 유추해 봅니다. 사실을 근거로 유추해 보는 것이 추리 탐구입니다.

47쪽 고무 지우개, 금속 숟가락, 쇠못은 물에 가라앉고, 스티로폼 수수깡, 나무젓가락, 플라스틱 숟가락은 물 위에 뜹니다.

## 48~49쪽

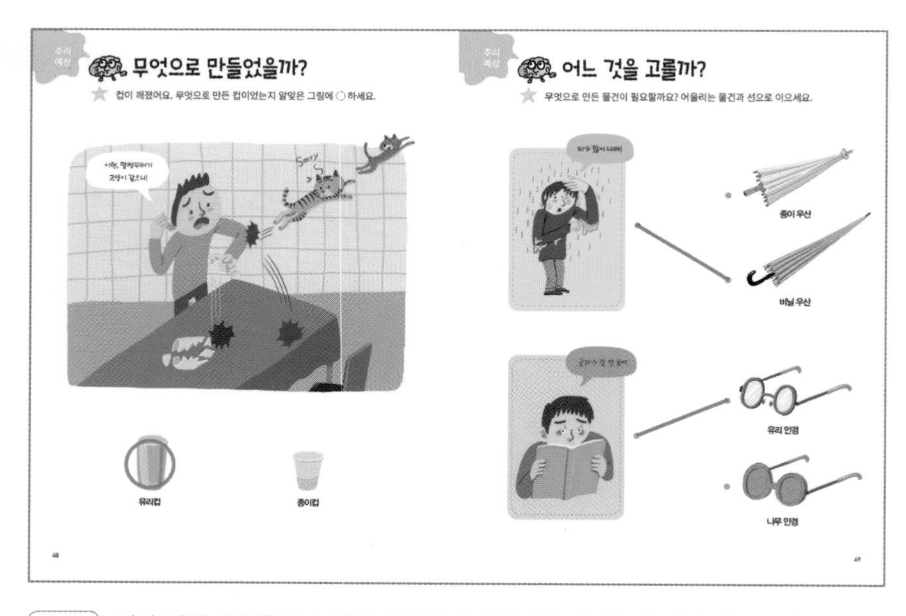


48쪽 컵이 깨진 사실을 보고 만든 물질을 유추합니다. 깨지는 특성이 있는 유리로 만든 컵이었을 것이라고 판단합니다.

49쪽 비가 내릴 때는 물에 젖지 않는 물질로 만든 우산이 필요합니다. 만약 나무로 렌즈를 만든다면 어떤 일이 생길지 생각해 봅니다.

50~51쪽

추리 예상

## 종이로 집을 짓는다면?

★ 벽돌로 지은 집과 종이로 지은 집을 비교해 보세요.

★ 종이로 지었을 때 좋은 점은 무엇일까요? 알맞은 그림에 ○ 하세요.

50

추리 예상

## 유리로 신발을 만든다면?

★ 유리의 특성을 생각해 보고, 유리로 만든 신발을 그림으로 그리세요.

★ 유리로 만든 신발의 편리한 점과 불편한 점을 글로 쓰세요.

〈예시〉

① 투명하고 반짝거려서 예뻐요.

② 바닥에 부딪히면 깨질 거 같아요.

51

**과학적인 사실을 근거로 상상하고, 글쓰기를 합니다.**

50쪽 벽돌과 종이는 특성이 다릅니다. 종이는 물에 젖고, 잘 찢어지고, 가벼운 특성이 있습니다. 손놀이 꾸러미에 있는 종이 집을 만들어 보고, 좋은 점을 생각해 봅니다.

51쪽 유리는 투명하고 단단하며 잘 깨지는 특성이 있습니다. 신발은 발을 보호하는 기능이 있습니다. 튼튼한 가죽이나 늘어나는 특성이 있는 고무 같은 물질을 이용해 만듭니다. 유리의 특성과 신발의 기능을 근거로 유리로 만든 신발이 어떨지 상상해 보고, 편리한 점과 불편한 점을 글로 써 봅니다.

# 힘과 에너지 해답과 도움말

## 이런 내용을 배웠어요.

### 관찰 탐구

- 힘에 의해 달라진 자리와 모양 찾아보기
- 여러 가지 힘 살펴보기
- 지레, 빗면, 도르래의 생김새와 원리 알아보기

### 분류 탐구

- 같은 원리로 움직이는 도구끼리 모으기
- 용수철이나 나사를 쓰는 물건끼리 모으기
- 같은 원리를 쓰는 물건끼리 짝 짓기

### 추리 · 예상 탐구

- 힘이 작용하는 원리를 찾아 결과 유추하기
- 기준에 따라 달라지는 운동의 개념 알아보기
- 코끼리를 도구로 움직이는 방법을 글로 써 보기

54~55쪽

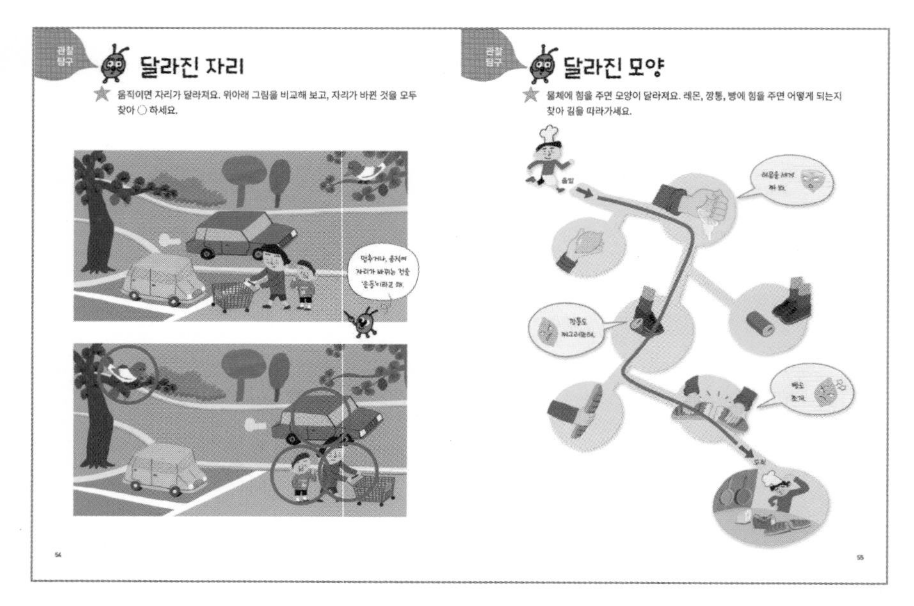

관찰 탐구 달라진 자리

움직이면 자리가 달라져요. 위아래 그림을 비교해 보고, 자리가 바뀐 것을 모두 찾아 ○ 하세요.

관찰 탐구 달라진 모양

물체에 힘을 주면 모양이 달라져요. 레몬, 깡통, 빵에 힘을 주면 어떻게 되는지 찾아 길을 따라가세요.

**물체의 운동 상태나 모양을 바뀌게 하는 것이 힘입니다. 각각의 달라진 점을 비교해 봅니다.**

54쪽 위와 아래 그림에서 각각의 위치를 살펴봅니다. 달리는 자동차, 새, 카트, 두 사람의 위치가 바뀌었습니다. 시간에 따라 물체의 위치가 변하는 것이 운동입니다. 자동차, 새, 카트, 두 사람은 우리가 볼 때 운동을 한 것입니다. 멈추어 있는 것을 움직이게 하거나, 움직이는 것을 멈추게 하여 운동 상태를 바뀌게 하는 것이 힘입니다.

55쪽 물체에 힘을 주면 모양이 바뀌게 됩니다. 레몬이나 깡통의 모양을 찌그러뜨리거나 빵을 쪼갠 것이 힘입니다.

56~57쪽

**한 물체가 다른 물체에 힘을 주면, 힘을 받은 쪽도 똑같은 크기의 힘을 주는 것에 대해 살펴봅니다. 이것을 힘의 작용과 반작용이라고 합니다.**

56쪽 공을 세게 차면 발이 많이 아프고, 살살 차면 발이 덜 아픕니다. 공에 힘을 주면, 힘을 받은 공도 발에 똑같은 크기의 힘을 주기 때문입니다.

57쪽 책상을 세게 치면 손이 아픈 것도 작용과 반작용 때문입니다. 책상에 힘을 주면, 책상도 똑같은 크기의 힘을 손에 줍니다.

58~59쪽

58쪽 지구와 물체가 서로 당기는 힘이 중력입니다. 지구에 있는 모든 것이 우주로 날아가지 않고 지구에 붙어 있게 하는 힘입니다.

59쪽 중력이 작용해서 모두 위에서 아래로 떨어집니다. 비스듬하게 찬 공은 포물선을 그리며 떨어집니다. 날아오를 때는 위쪽으로 갈수록 중력의 힘이 줄어들어 느려지고, 떨어질 때는 아래쪽에 가까워질수록 중력의 힘이 커져 점점 빨리 떨어지게 됩니다.

60~61쪽

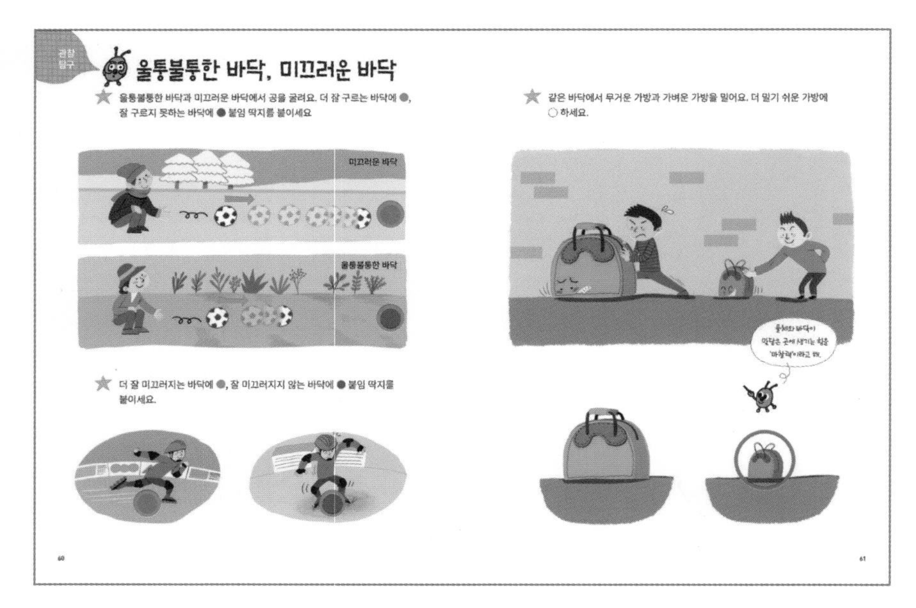


**물체가 어떤 면과 닿아 운동할 때 그 물체의 운동을 방해하는 힘이 마찰력입니다. 마찰력의 크기는 닿는 면의 거칠기, 물체의 무게에 따라 다릅니다.**

60쪽 물체가 닿는 면이 거칠수록 마찰력의 크기가 큽니다. 공이 바닥에 닿아 구르거나, 스케이트를 탈 때 미끌미끌한 바닥이 마찰력이 더 작아서 울퉁불퉁한 바닥보다 더 잘 구르거나, 더 잘 미끄러지게 됩니다.

61쪽 무거운 가방과 가벼운 가방 중 어느 것이 더 밀기 쉬운지 비교합니다. 무거울수록 마찰력의 크기가 큽니다. 가벼운 가방을 옮길 때 생기는 마찰력이 더 작아서 무거운 가방보다 미는 힘이 덜 들게 됩니다.

62~63쪽

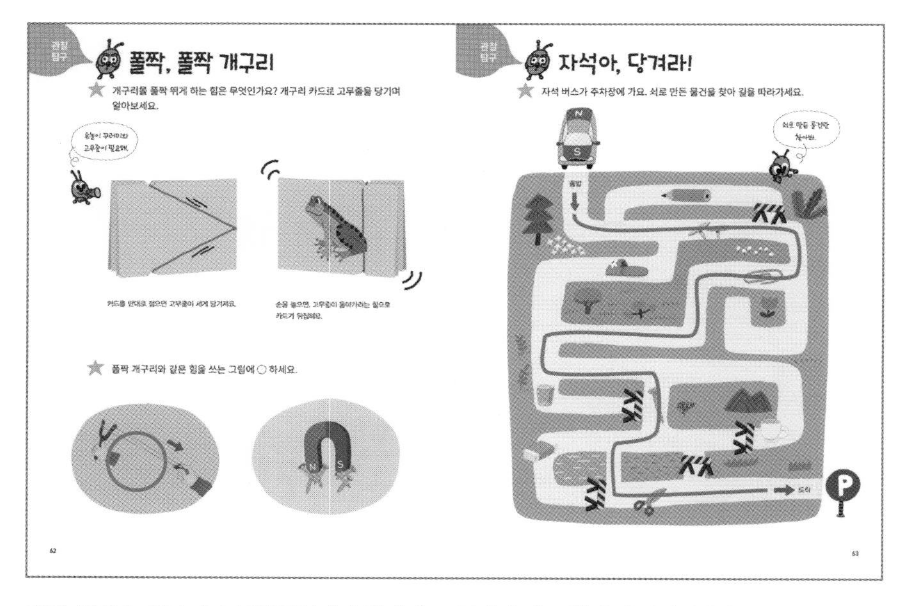


**힘을 주면 늘어나거나 줄어들었다가 원래대로 돌아가려는 힘이 탄성력입니다.**

62쪽 ❶ 개구리 카드에 난 한쪽 홈에 고무줄을 수평이 되게 끼웁니다. ❷ 카드를 뒤집어 고무줄이 X자 모양이 되게 돌려 다른 쪽 홈에 끼웁니다. ❸ X자 모양의 고무줄 면이 위로 놓이게 카드를 반으로 접어 바닥에 내려놓습니다. ❹ 손가락으로 접힌 카드를 꾹 눌렀다가 손가락을 뗍니다. 손의 누르는 힘이 없어지면 고무줄이 원래 모습으로 되돌아가려는 탄성력이 생기고, 그 힘으로 개구리 카드가 뒤집힙니다.

63쪽 자기력은 쇠로 만든 물건에 작용합니다. 압정, 클립, 못, 가위를 찾습니다.

64~65쪽

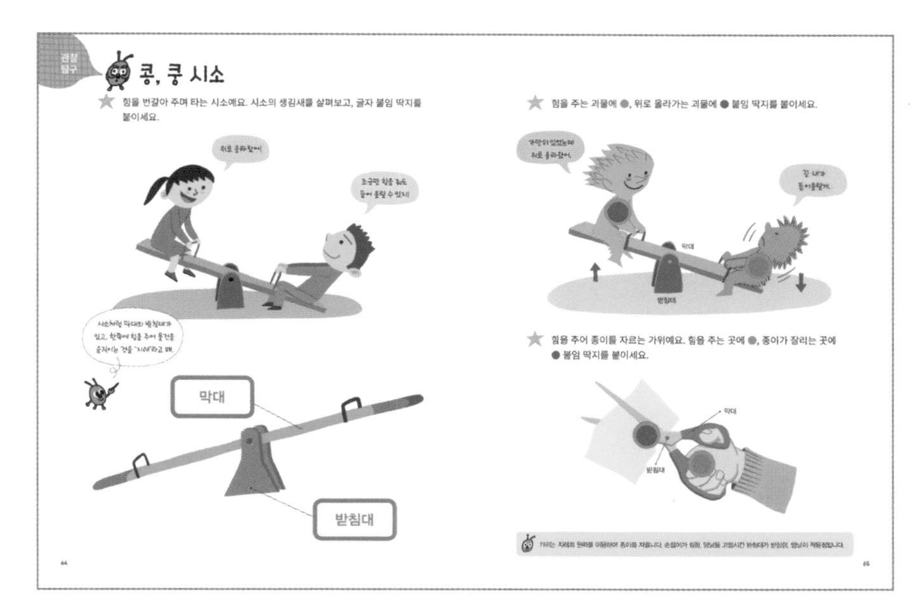


**막대의 한 점을 받치고, 그 받침점을 중심으로 물체를 움직이는 장치를 지레라고 합니다.**

64쪽 시소는 지레의 원리를 이용한 놀이 기구입니다. 받침대로 막대를 받친 생김새를 살펴봅니다.

65쪽 시소는 받침대를 중심으로 한쪽에서 힘을 주어 누르면, 반대쪽 시소가 들어 올려집니다. 시소처럼 지레는 힘을 주는 점, 받치는 점, 힘을 받는 점으로 이루어져 있습니다. 힘점, 받침점, 작용점이라고 합니다. 가위는 손힘을 주는 손잡이가 힘점, 양날을 고정시켜 받침대 역할을 하는 받침점, 종이가 잘려지는 날이 작용점입니다. 가정에서 가위로 직접 관찰해 봅니다.

66~67쪽

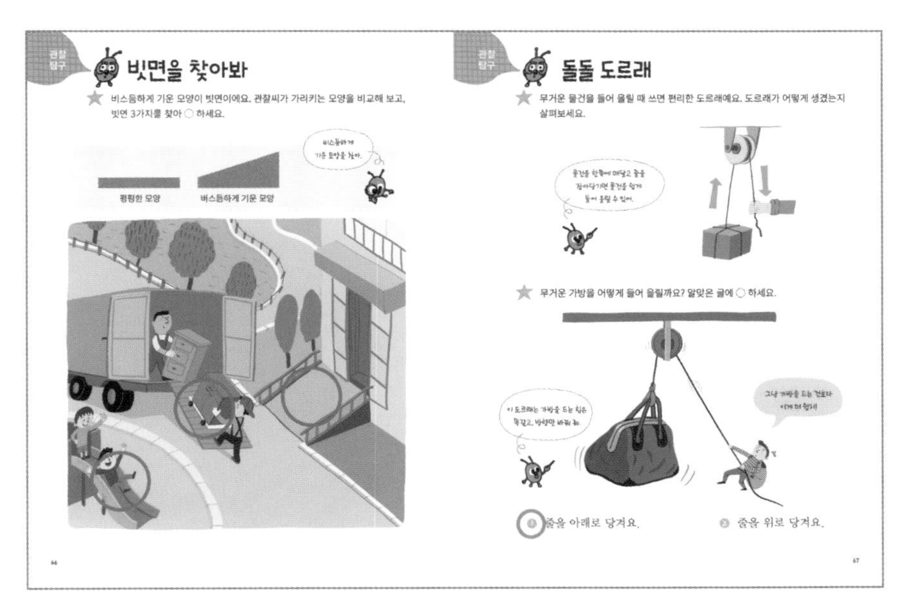


66쪽 빗면은 비스듬히 기운 면으로, 경사면이라고도 합니다. 빗면을 이용하면 물체의 무게보다 작은 힘으로 물체를 밀어 올릴 수 있습니다.

67쪽 도르래는 바퀴에 끈을 걸어 힘의 방향을 바꾸거나 힘의 크기를 줄이는 장치입니다. 바퀴를 고정시킨 고정 도르래를 살펴봅니다. 직접 들어 올리는 것과 같은 크기의 힘이 들지만 줄을 아래로 당기면 물체가 위로 올라갑니다. 도르래는 힘의 방향을 바꾸어 주어 편리합니다.

## 68~69쪽

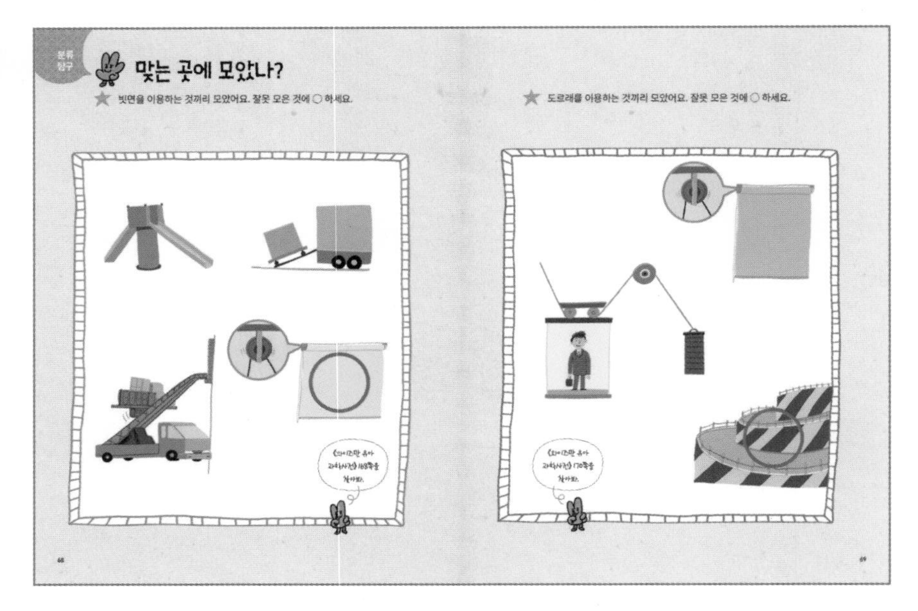


**미끄럼틀, 사다리차, 짐을 나르는 지게차, 블라인드, 엘리베이터, 빗면 주차장 경사로를 분류합니다.**

68쪽 빗면의 원리를 쓰는 물건끼리만 모아 봅니다. 미끄럼틀, 사다리차, 짐을 나르는 지게차는 빗면의 원리를 쓰고, 블라인드는 도르래의 원리를 씁니다. 블라인드는 기준에 맞지 않아 잘못 모은 것입니다.

69쪽 도르래의 원리를 쓰는 물건끼리만 모아 봅니다. 엘리베이터, 블라인드는 도르래의 원리를 쓰고, 주차장 경사로는 빗면의 원리를 씁니다. 빗면 주차장 도로는 기준에 맞지 않아 잘못 모은 것입니다. 엘리베이터는 고정 도르래의 줄의 한쪽 끝에 사람이 탈 수 있는 카가 연결되어 있고, 다른 쪽 끝에는 추가 연결되어 있습니다. 전동기가 쇠줄을 풀었다 감았다 하면서 움직입니다.

## 70~71쪽

70쪽 용수철은 철사를 감아서 만듭니다. 힘을 주면 늘어나거나 줄어들었다가, 힘이 없어지면 다시 원래대로 돌아오는 탄성이 강합니다. 가정에서 놀이로 사용되는 물건을 용수철을 이용하는 것과 이용하지 않는 것으로 분류해 봅니다. 트램펄린, 스카이콩콩, 콩콩이말은 용수철의 탄성을 이용하는 놀잇감입니다.

71쪽 가위, 깡통, 병따개, 손톱깎이는 지레의 원리를 이용하지만, 인형은 용수철의 탄성을 이용합니다. 지레의 원리를 이용하는 물건은 손힘을 주는 곳, 고정시키는 곳, 일을 하는 곳으로 이루어져 있습니다.

## 72~73쪽

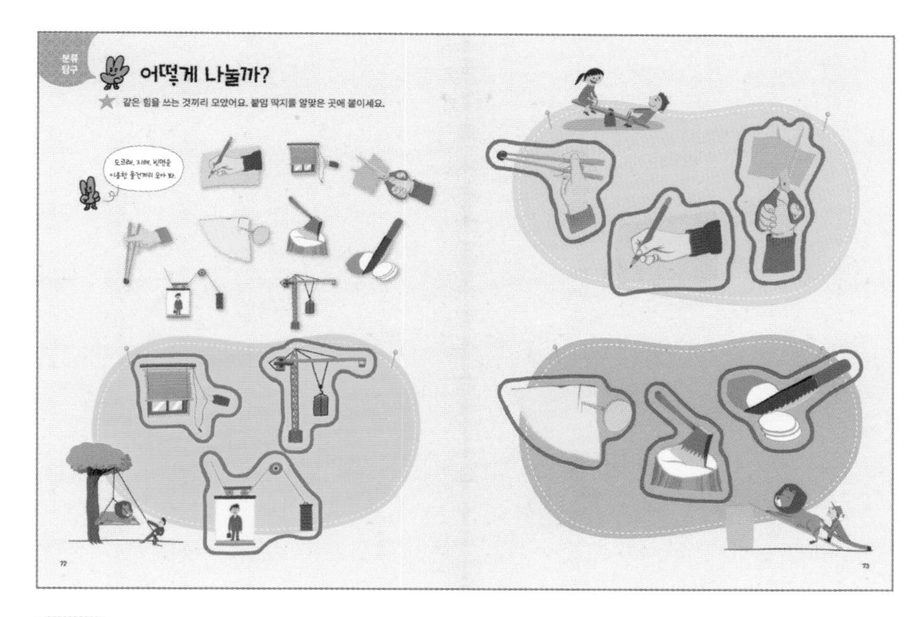


72쪽 물건의 공통점이 무엇인지 살펴봅니다. 도르래의 원리를 이용하는 공통점이 있는 물건끼리 모읍니다. 블라인드, 크레인, 엘리베이터입니다.

73쪽 젓가락, 연필, 가위의 공통점은 지레의 원리를 이용하는 물건입니다. 힘을 주면 물건을 집거나 글자를 쓰고, 종이를 오릴 수 있습니다. 압정, 도끼, 칼은 빗면의 원리를 이용하는 물건입니다. 모두 끝부분이 경사면을 이루고 있습니다. 가정에서 가위 날, 칼날, 못이나 압정의 끝 쪽을 관찰해 봅니다.

## 74~75쪽

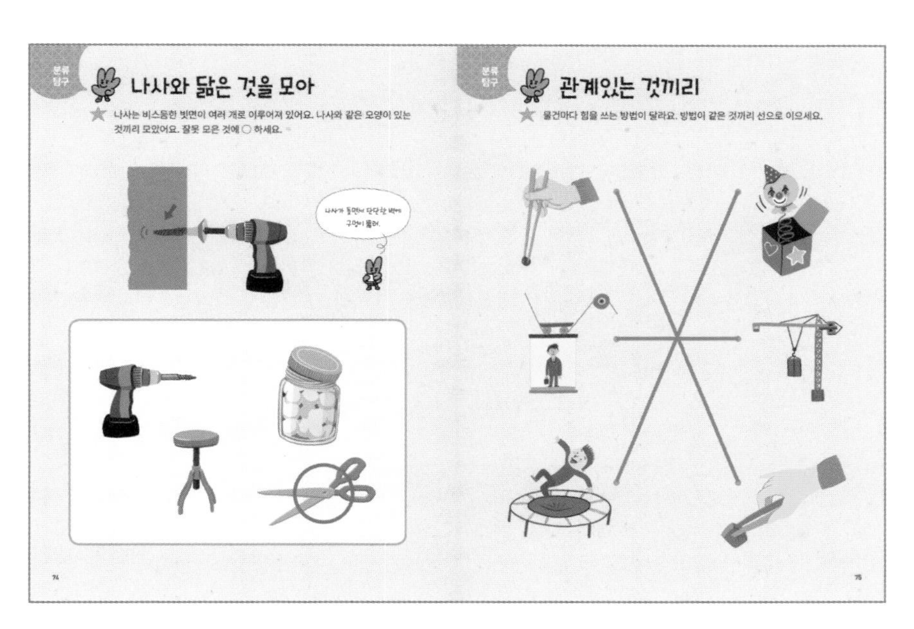


74쪽 나사는 경사면의 원리를 이용합니다. 나사를 이용하면 경사면을 따라 박히게 되어 힘을 덜 들일 수 있습니다. 드릴, 병뚜껑, 높낮이를 조절하는 의자에 나사 모양의 빗면을 이용합니다.

75쪽 젓가락, 집게는 지레의 원리를 이용하고, 엘리베이터, 크레인은 도르래의 원리를 이용합니다. 트램펄린, 용수철 인형은 탄성을 이용합니다. 두 대상의 공통점을 찾아 짝을 짓는 것도 분류 탐구 방법입니다.

76~77쪽

76쪽 힘의 작용과 반작용을 이용하여 유추해 봅니다. 힘을 주면, 반대 방향에 똑같은 크기의 힘이 작용합니다. 두 범퍼카가 부딪치면 파란색 범퍼카가 준 힘만큼 반대 방향에서 힘을 받아 뒤로 밀립니다. 노란색 범퍼카도 힘을 준 만큼 반대 방향에서 힘을 받아 뒤로 밀립니다.

77쪽 움직이는 것은 기준이 필요합니다. 기차 안에 있는 사람에게는 가방이 움직이지 않지만, 기차 밖에 멈추어 있는 사람에게는 가방도 기차와 함께 움직이는 것입니다. 기차 밖의 사람에게 가방은 운동하는 상태입니다.

78~79쪽

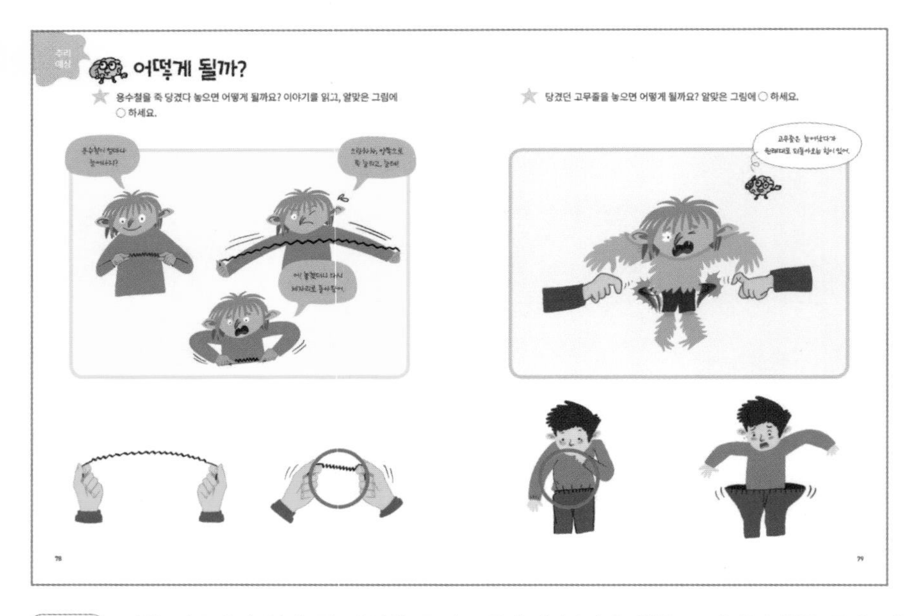


78쪽 관찰 탐구에서 알게 된 사실을 근거로 유추해 봅니다. 힘을 주면 용수철은 죽 늘어났다가 힘을 주지 않으면 제자리로 돌아오는 탄성을 갖고 있습니다.

79쪽 고무줄도 탄성이 큰 성질이 있습니다. 늘어났다가 더 이상 힘을 주지 않으면 원래대로 돌아옵니다.

## 80~81쪽

80쪽 고무줄의 탄성을 이용한 새총입니다. 고무줄을 세게 당겼다 놓으면 탄성력이 생겨 인형을 멀리 날리게 됩니다. 사실을 근거로 유추해 봅니다.

81쪽 시소는 지레의 원리를 이용하는 놀이 기구입니다. 받침점에서 가까울수록 힘이 많이 들고, 받침점에서 멀수록 힘이 적게 듭니다. 힘을 주는 아이가 가운데 받침점에서 멀리 있으면 작은 힘으로 엄마를 들어 올릴 수 있습니다.

## 82~83쪽

**멈추어 있는 물체는 계속 멈추어 있으려 하고, 움직이는 물체는 계속 움직이려고 하는 성질이 관성입니다. 힘을 주어야 운동 상태가 바뀌게 됩니다.**

82쪽 관성의 크기는 무거울수록 큽니다. 무거운 바위가 가벼운 돌멩이보다 관성이 크기 때문에 더 큰 힘을 주어야 움직일 수 있습니다. 무거운 공이 가벼운 공보다 관성이 커서 힘이 더 듭니다.

83쪽 버스가 갑자기 출발하면, 타고 있던 사람은 계속 멈춰 있으려 하니까 몸이 뒤로 쏠립니다. 버스가 갑자기 멈추면, 타고 있던 사람은 계속 앞으로 가려고 하기 때문에 몸이 앞으로 쏠립니다.

84~85쪽

**빗면의 기울기가 작을수록 이동 거리가 길어지지만 힘이 적게 듭니다. 상황과 경험을 통해 판단해 봅니다.**

84쪽 빗면의 경사면이 가파를수록 힘이 더 듭니다. 완만한 경사로를 걷는 것이 가파른 계단보다 힘이 적게 들고, 구불구불한 산길을 걷는 것이 가파른 곧은길보다 힘이 적게 듭니다. 그러나 움직이는 거리는 길어집니다.

85쪽 같은 무게의 짐이라면 놓인 판의 경사면이 완만할수록 힘이 덜 듭니다. 하지만 판이 길어져 더 많이 움직여야 합니다. 그림을 자세히 관찰해 보고, 어느 쪽이 더 힘들지 유추해 봅니다.

86~87쪽

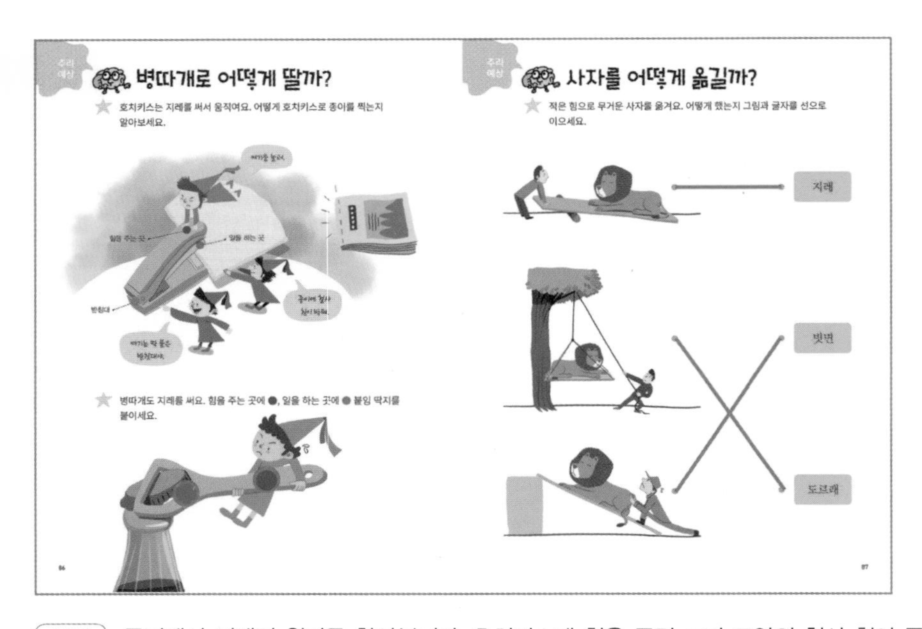


86쪽 물건에서 지레의 원리를 찾아봅니다. 호치키스에 힘을 주면 ㄷ자 모양의 철사 침이 종이에 박힙니다. 힘을 주는 곳이 힘점, 받침대처럼 고정시킨 곳이 받침점, 철사 침이 박히는 곳이 작용점입니다. 힘을 적게 들여 종이에 철사 침을 박을 수 있습니다. 병따개는 손잡이를 잡고 손에 힘을 주는 곳이 힘점, 병뚜껑 가운데에 고정시킨 곳이 받침점, 병뚜껑을 따는 부분이 작용점입니다.

87쪽 사자를 들어 올린 방법을 보고, 원리를 찾습니다.

## 88~89쪽

(88쪽) 무겁거나 거친 면에서 왜 움직이기 힘든지 판단해 봅니다. 마찰력이 클수록 옮기거나 움직이는 데 힘이 더 듭니다.

(89쪽) 도구는 힘을 적게 들여 움직일 수 있게 합니다. 앞에서 알게 된 사실을 생각해 보고, 과학적인 사실을 근거로 하여 글쓰기를 합니다.

# 지구 해답과 도움말

## 이런 내용을 배웠어요.

### 관찰 탐구

- 날씨의 특징과 물의 순환 살펴보기
- 땅 모양과 화산 알아보기
- 땅속 들여다보기

### 분류 탐구

- 날씨와 관계있는 것끼리 모으기
- 먹이를 기준으로 공룡 나누어 보기
- 화석 분류하기

### 추리 · 예상 탐구

- 구름이나 바람이 생기는 순서 따져 보기
- 실험으로 날씨 현상의 원리 유추하기
- 화산의 특징과 가고 싶은 곳 글로 써 보기

### 92~93쪽

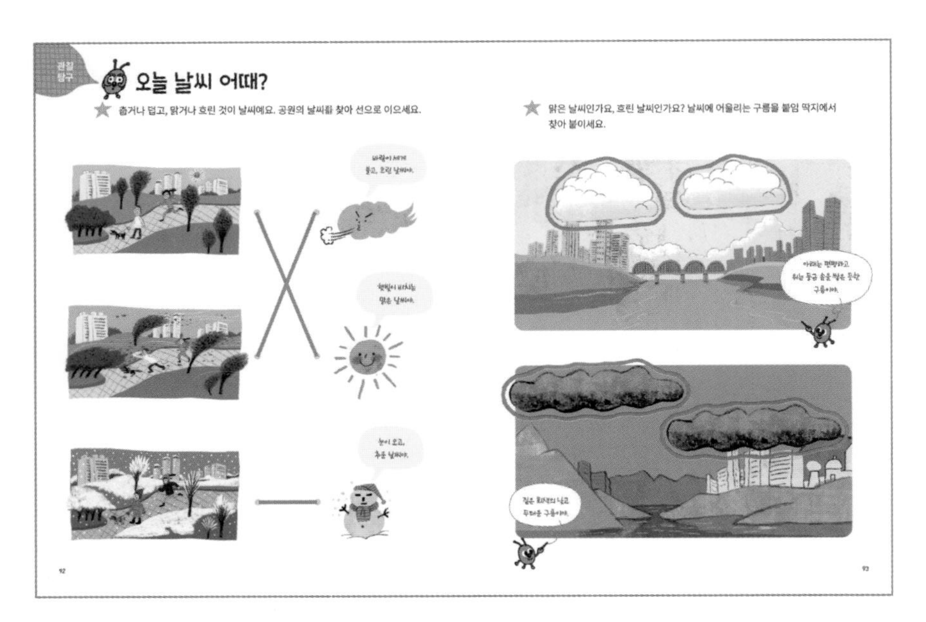


**그날그날의 비, 구름, 바람, 기온 따위가 나타나는 기상 상태가 날씨입니다.**

(92쪽) 날씨를 그림으로 나타냅니다. 텔레비전이나 인터넷에서 알려 주는 날씨 정보에 관심을 갖게 합니다. 구름의 양에 따라 맑음, 흐림, 개임으로 나타내고, 일기 현상에 따라 눈, 비, 소나기로 나타냅니다.

(93쪽) 구름은 물방울이나 얼음 알갱이가 모여 하늘에 떠 있는 것입니다. 맑은 날씨에 보이는 뭉게구름과 비가 올 듯한 날씨에 보이는 비구름의 모양과 색을 비교해 봅니다. 비교하기는 공통점과 차이점을 찾아보는 관찰 탐구 방법입니다.

## 94~95쪽

94쪽 바람 부는 날씨를 살펴봅니다. 바람은 공기의 움직임입니다. 눈에 보이지 않지만 물건이나 머리카락을 날리는 것으로 느낄 수 있습니다.

95쪽 비 오는 날씨를 살펴봅니다. 비는 대기 중의 수증기가 높은 곳에서 찬 공기를 만나 땅 위로 떨어지는 물방울입니다.

## 96~97쪽

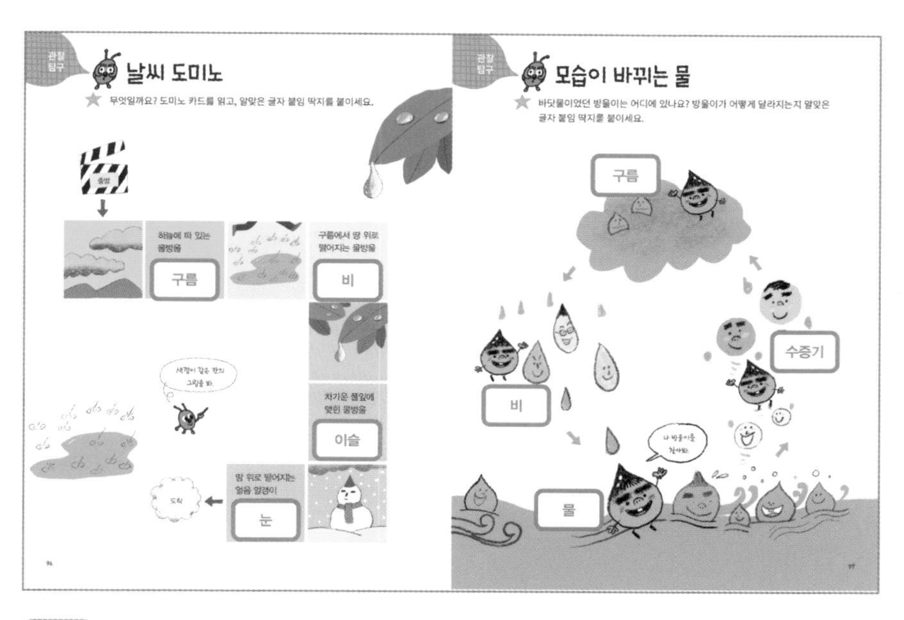


96쪽 구름, 비, 이슬, 눈에 대해 알아봅니다. 도미노처럼 이어진 카드를 따라갑니다.

97쪽 물의 순환으로 생기는 날씨의 원리를 살펴봅니다. 바닷물이 햇빛을 받아 증발하여 수증기로 변합니다. 수증기는 위로 높이 올라가 물방울이 되었다가 하나둘 모여 구름이 되고, 구름은 비가 되어 바다 위로 다시 내립니다.

98~99쪽 간단한 그림으로 날씨 현상을 나타냅니다. 천둥 번개가 치는 날씨, 맑은 날씨, 갠 날씨, 비 오는 날씨를 나타내는 그림을 찾아봅니다.

100쪽 지형에 대해 알아봅니다. 지형은 지구 표면의 형태입니다. 산, 평야, 하천, 사막 같은 지형이 있습니다. 여러 모양의 땅 중에서 산, 평야, 강을 살펴봅니다.

101쪽 땅의 생김새에 따른 개념어를 알아봅니다. 하천은 우리 주변을 흐르는 물줄기를 뜻합니다. 땅 위로 물이 흐르는 곳입니다.

102~103쪽

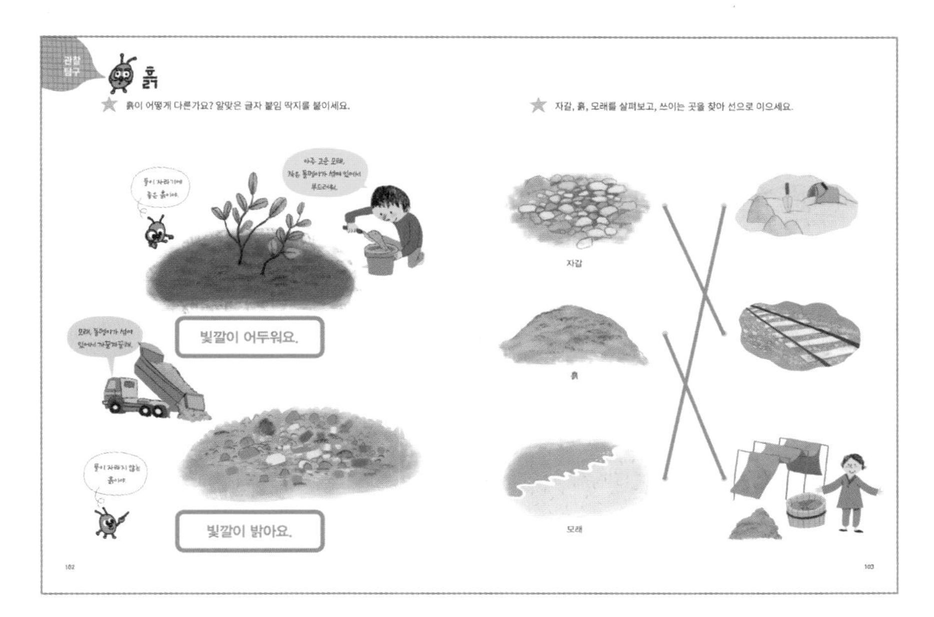


**지구 표면을 덮고 있는 흙에 대해 알아봅니다. 흙은 바위가 잘게 부서져 만들어진 것입니다. 돌 조각이 잘게 부서져 흙이 만들어지기까지는 수천 년 이상이 걸립니다.**

102쪽 흙에 따라 색깔, 알갱이의 크기와 종류 등이 다릅니다. 차이점 찾아보기를 통해 관찰 탐구를 합니다.

103쪽 바위가 부수어지면 그 크기별로 자갈 → 조약돌 → 모래 → 고운 모래 → 흙으로 구분됩니다. 기찻길에 자갈을 깔아 모양이 틀어지지 않게 하고, 빗물이 잘 빠지게 합니다. 황토를 이용하여 천연 염색을 합니다.

104~105쪽

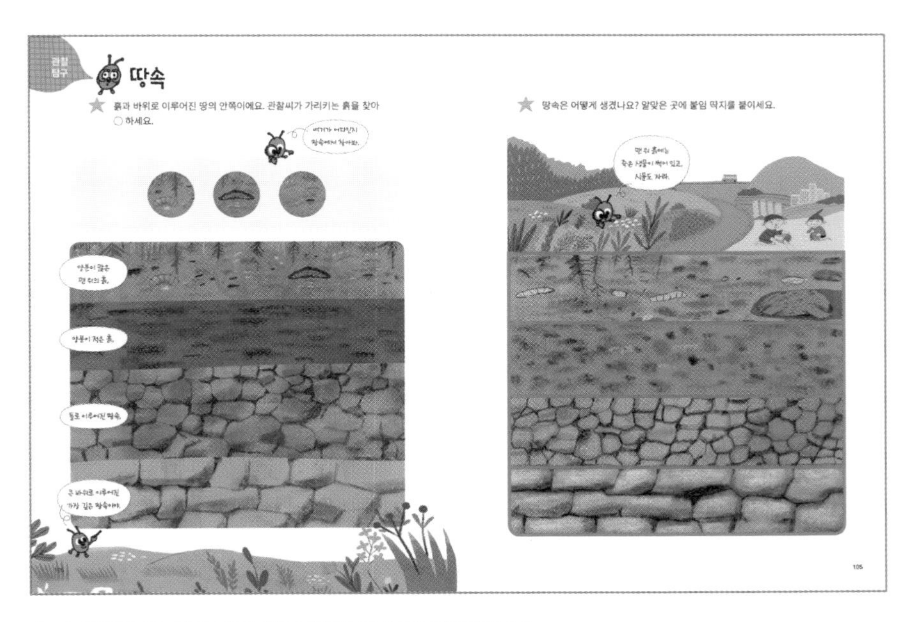


**흙과 암석으로 이루어진 땅의 안쪽 모습을 관찰합니다.**

104쪽 땅을 단면으로 자른 모습을 관찰합니다. 맨 위는 생물이 살아가는 흙입니다. 맨 아래는 커다란 바위입니다. 커다란 바위가 깎이고, 유기 양분이 쌓이면서 오랜 시간에 걸쳐 흙이 만들어집니다. 흙에는 미생물이 죽은 생물을 썩게 하여 만들어진 양분이 풍부합니다.

105쪽 땅의 단면을 관찰한 모습과 같게 맞춰 봅니다. 같은 모양 찾기를 통해 관찰력을 키웁니다.

106~107쪽

106쪽 화산은 땅속 깊은 곳에서 생성된 마그마가 벌어진 땅 틈을 통하여 화산 가스와 용암 같은 물질을 분출하여 만들어집니다. 기체인 화산 가스의 압력 때문에 마그마가 올라옵니다. 액체인 용암은 마그마가 분출되어 땅 위로 흐르는 물질입니다. 용암의 끈끈한 정도에 따라 경사가 큰 화산을 만들거나 경사가 완만한 화산을 만듭니다. 고체인 암석 조각들은 크기가 아주 작은 화산진이나 화산재가 있고, 비교적 큰 화산탄이 있습니다.

107쪽 관찰하여 알게 된 화산 분출물을 스스로 꾸며 봅니다.

108~109쪽

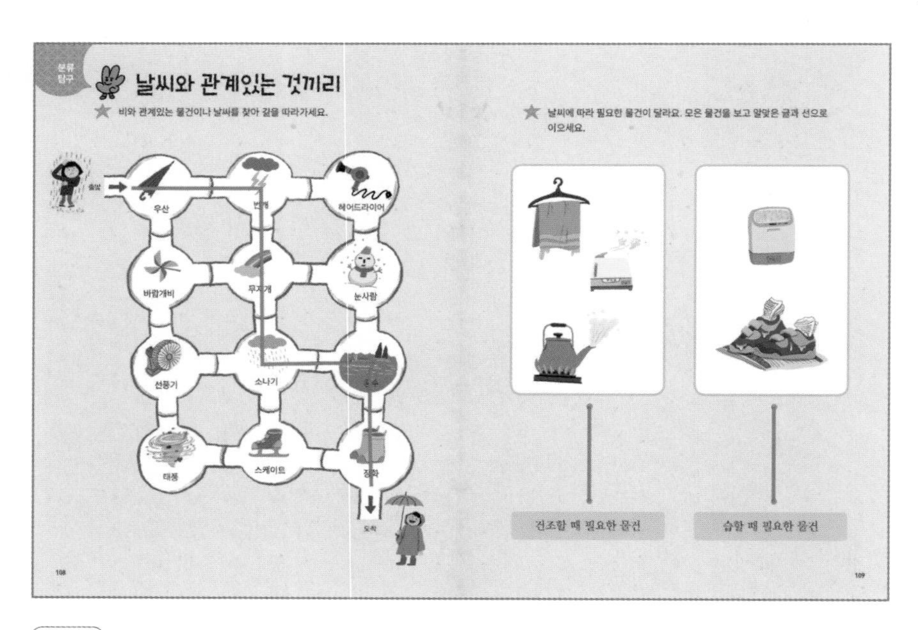


108쪽 날씨와 관계있는 것끼리 모아 보는 분류 활동입니다. 관계있는 것을 모을 때는 각 대상의 공통적인 속성을 알아야 합니다. 비 오는 날의 특징을 생각해 보고, 알맞은 날씨나 필요한 물건만 모아 봅니다.

109쪽 건조한 날씨와 습한 날씨에 대해 알아보고, 관계있는 물건끼리 모아 봅니다. 공기 중에 습기가 적은 날과 습기가 많은 날에 필요한 것을 생각해 봅니다. 신문지는 습기를 제거하는 데 도움이 됩니다.

## 110~111쪽

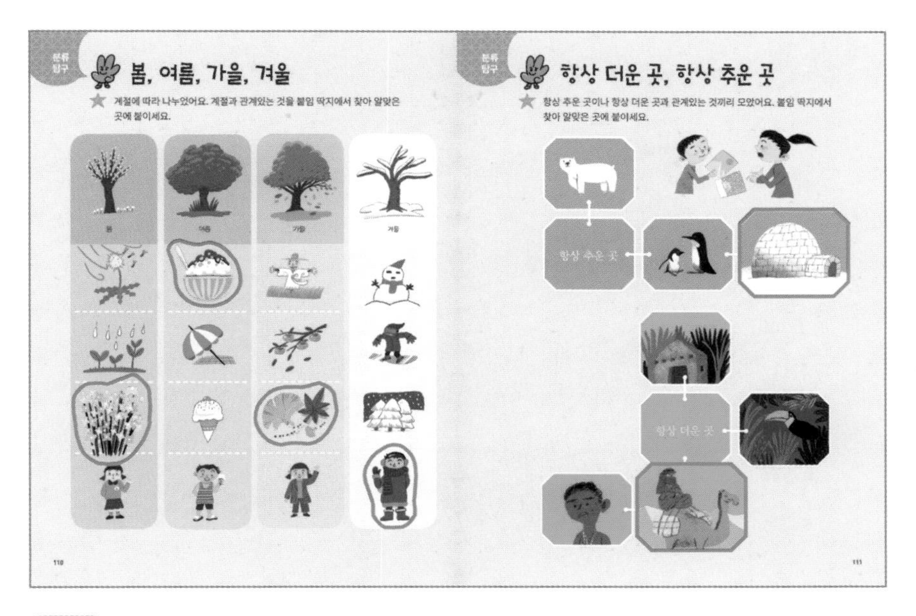


110쪽 계절과 관계있는 것끼리 모아 봅니다. 대상 각각의 속성을 생각하여 공통점을 찾습니다. 계절에 따른 자연 현상과 옷차림 같은 기준들을 찾아 분류해 봅니다.

111쪽 사계절이 없는 곳을 기준으로 나누어 봅니다. 항상 추운 곳과 항상 더운 곳에 맞는 동물이나 집의 형태, 사람의 모습 등을 찾아 속성이 같은 것끼리 모아 봅니다.

## 112~113쪽

112쪽 장소에 따라 필요한 물건을 기준으로 나누어 봅니다. 사막이나 바다의 속성을 알고, 그것에 맞는 물건끼리 모아 봅니다. 보는 입장에 따라 다르게 분류될 수 있고, 스스로 판단해 보는 것에 중점을 둡니다.

113쪽 공룡을 먹잇감에 따라 나누어 봅니다. 브라키오사우루스, 트리케라톱스, 스테고사우루스는 풀을 먹는 초식 공룡입니다. 벨로키랍토르, 프테라노돈, 티라노사우루스는 다른 공룡을 잡아먹는 육식 공룡입니다.

114~115쪽

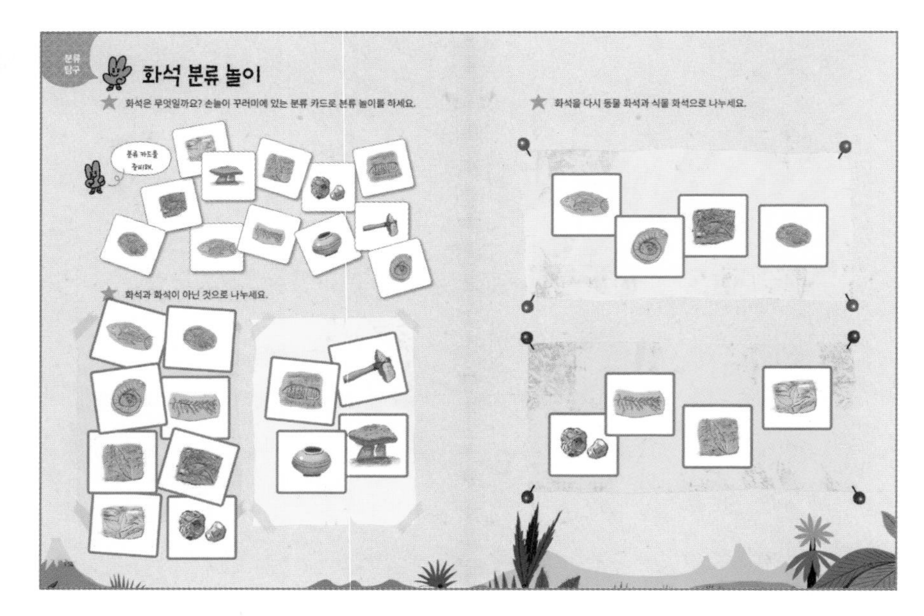


**과거에 살았던 동물이나 식물의 몸체나 흔적이 암석에 남아 있는 것이 화석입니다. 분류 카드를 이용해서 화석인 것과 아닌 것으로 나누고, 화석 카드만 모아 한 번 더 나누어 보며 분류 놀이를 합니다.**

114쪽 물고기, 삼엽충, 나뭇잎, 나무 열매, 암모나이트, 상어 이빨, 단풍나무 잎, 고사리는 흙과 함께 쌓이며 화석화되어 남은 화석이지만, 발자국, 고인돌, 도자기, 돌도끼는 화석이 아닙니다.

115쪽 물고기, 삼엽충, 암모나이트 같은 동물 화석이나 고사리, 단풍나무 잎, 나무 열매 같은 식물 화석으로 과거에 살았던 생물의 모습이나 주변 환경을 알 수 있습니다. 삼엽충은 바다 밑을 기어다니며 살았던 절지류의 동물입니다. 달팽이처럼 생긴 암모나이트는 바다에 살았던 연체류의 동물입니다.

116~117쪽

**구름은 물의 순환으로 생깁니다. 구름이 형성되는 순서를 따져 봅니다. 순서 짓기는 논리적인 추리력을 키웁니다.**

116쪽 ❶ 바닷물이 햇빛을 받아 증발하여 수증기로 변합니다. ❷ 수증기는 위로 높이 올라갑니다. ❸ 위는 기온이 낮습니다. 수증기는 아주 작은 물방울이 되어 얼게 됩니다. 이 상태가 우리 눈에 보이는 구름입니다.

117쪽 구름이 생기는 원리를 직접 실험해 봅니다. 실험하기 전에 어떤 결과가 나타날지 짐작하여 보는 것이 예상 탐구 방법입니다. 병 속에 생긴 수증기가 얼음으로 차가워진 뚜껑에 닿으면 물이 됩니다.

118~119쪽

**바람은 공기의 움직임으로 생깁니다. 바람은 기압이 높은 곳(공기 양이 많은 곳)에서 낮은 곳(공기 양이 적은 곳)으로 움직입니다.**

118쪽 낮에는 바다에서 땅 쪽으로 바람이 붑니다. 땅 쪽의 따뜻한 공기는 위로 올라가 땅 쪽의 기압이 낮아집니다. 기압이 더 높아진 바다에서 기압이 낮은 땅 쪽으로 바람이 불게 됩니다.

119쪽 따뜻한 공기가 위로 올라가는 것을 알아봅니다. ❶ 비닐봉지를 잡고, 그 안쪽에 헤어드라이어를 대고 따뜻한 바람을 켭니다. ❷ 비닐봉지 잡은 손을 뗍니다. ❸ 비닐봉지는 잠깐 동안 위로 떠오릅니다.

120~121쪽

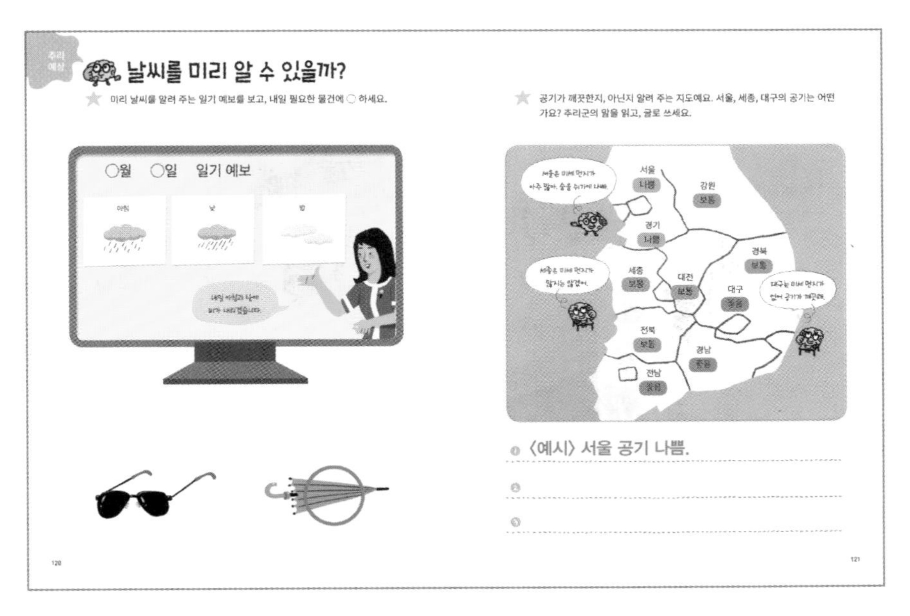


120쪽 일기 예보에 대해 알아봅니다. 관찰 탐구에서 알게 된 사실을 근거로 유추해 봅니다. 그림으로 표현한 날씨를 보고, 내일의 날씨를 예측합니다. 날씨에 필요한 물건을 찾아봅니다.

121쪽 미세 먼지 양에 따라 공기의 맑은 정도를 알려 주는 지도입니다. 미세 먼지 양이 공기 중에 적을 때는 좋음, 많을 때는 나쁨으로 나타냅니다.

## 122~123쪽

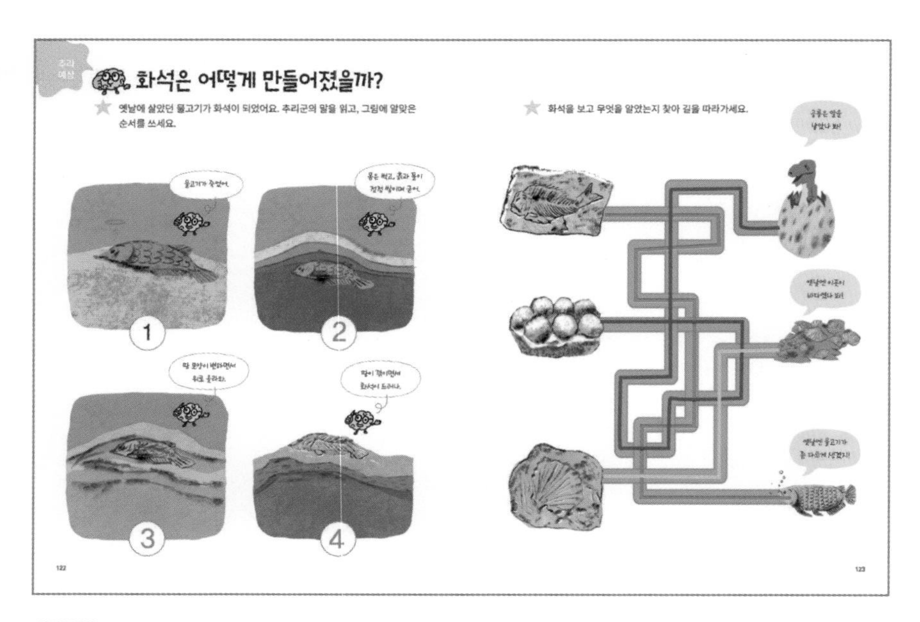


122쪽 ❶ 물고기가 죽어 바다에 가라앉습니다. ❷ 그 위로 진흙 같은 것이 계속 쌓이고 오랜 시간이 지나면서 굳어집니다. ❸ 지각 변동으로 땅이 위로 올라옵니다. ❹ 지층이 깎이면서 화석이 드러납니다. 물고기 화석이 발견된 곳은 과거에 바다였음을 알 수 있습니다.

123쪽 물고기 화석, 공룡알 화석, 조개 화석입니다. 화석을 통해 물고기의 옛날 모습, 공룡이 알을 낳았다는 점, 조개 화석이 발견된 곳이 현재는 땅이지만, 옛날에는 물속이나 물가였다는 점을 알 수 있습니다.

## 124~125쪽

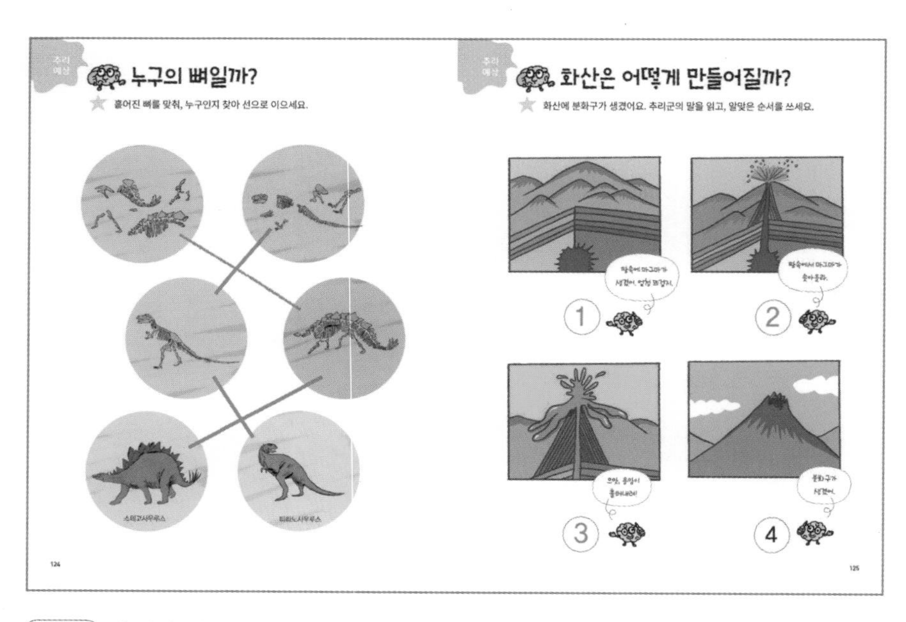


124쪽 흩어진 뼈를 통해 공룡의 모습을 유추해 봅니다.

125쪽 ❶ 지구 내부에 마그마가 녹아 있습니다. ❷ 마그마가 땅 밖으로 솟아오릅니다. ❸ 마그마가 땅 위로 분출되어 용암이 흘러내립니다. ❹ 마그마가 빠져 나오고 화산이 만들어집니다. 꼭대기에 원뿔 모양으로 움푹 패인 분화구가 생겼습니다.

## 126~127쪽

(126쪽) 화산의 모양을 유추해 봅니다. 땅속 마그마가 어떻게 분출하느냐, 용암의 종류가 무엇이냐에 따라 화산의 모습이 달라집니다. 엎어 놓은 종처럼 생긴 화산을 보고 제주도에 있는 산방산을 유추해 봅니다. 산방산은 점성이 큰 용암이 흘러서 경사가 큰 종상 화산입니다. 원뿔처럼 생긴 화산을 보고 일본에 있는 후지산을 유추해 봅니다. 후지산은 용암과 다른 분출물이 교대로 쌓여 아래쪽은 경사가 완만하고, 산의 꼭대기는 경사가 가파른 성층 화산입니다.

(127쪽) 화산으로 만들어진 지형의 특징을 알고, 가고 싶은 곳을 상상해 글로 써 봅니다. 용암이 빠져나간 상태 그대로 텅 빈 공간으로 남게 된 것이 용암 동굴입니다. 분화구는 땅속 마그마가 용암이나 화산 가스를 땅 위로 분출하는 구멍입니다. 지금도 화산 활동을 계속하고 있는 화산에서 뜨거운 수증기가 나옵니다.

24-25쪽

# 둥둥 섬 게임

만드는 방법

① 모양대로 뜯어 접으세요.

② 풀로 붙여 주사위와
말을 만드세요.

유리

금속

나무

고무

플라스틱

종이

손놀이 꾸러미 2
물질 만들기
50쪽
종이 집
만드는 방법
① 모양대로 뜯어 내세요.
② ❶과 ❶을 붙이세요.
③ ❷와 ❷를 붙이세요.

62쪽

# 폴짝, 폴짝 개구리

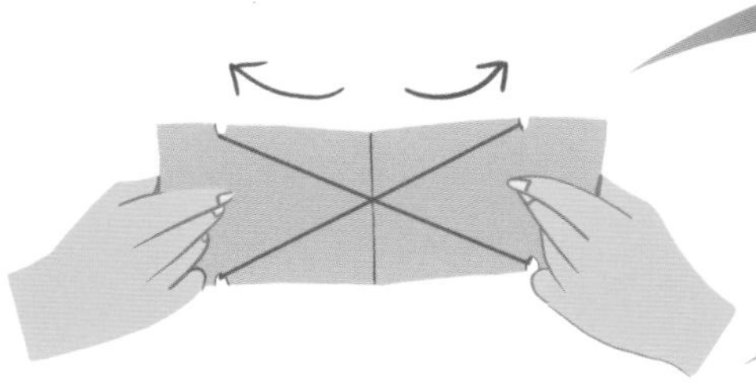

① 개구리 카드를 뜯어 내어 접어 붙이세요.
② 개구리 카드의 안쪽 홈에 X자 모양으로 고무줄을 끼우세요.
③ 개구리 카드를 뒤집어 접은 후, 손가락으로 누르세요.
④ 손가락을 떼면 카드가 뒤집히며 개구리가 나타나요.

114-115쪽

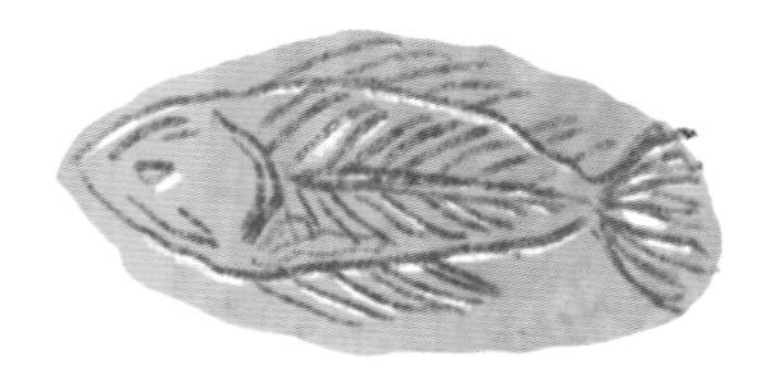
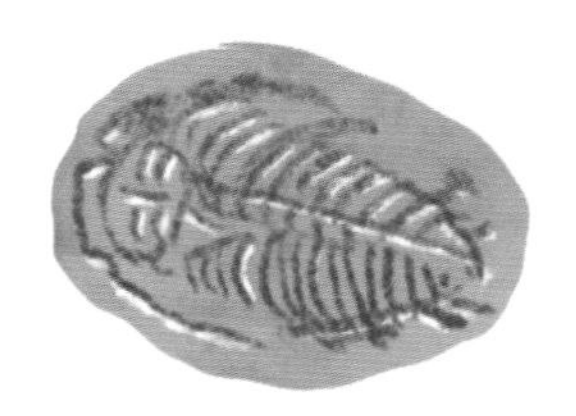

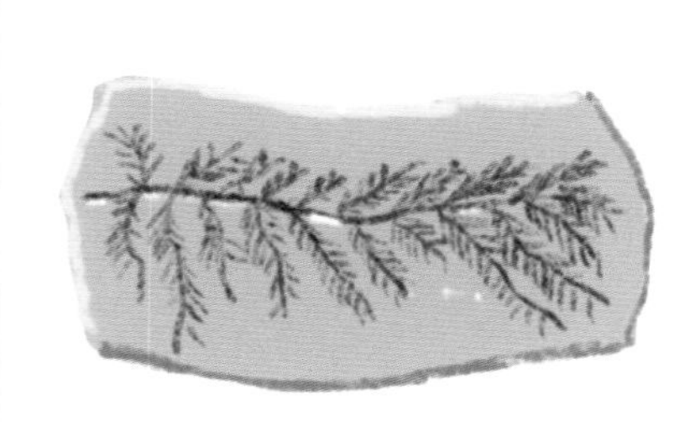

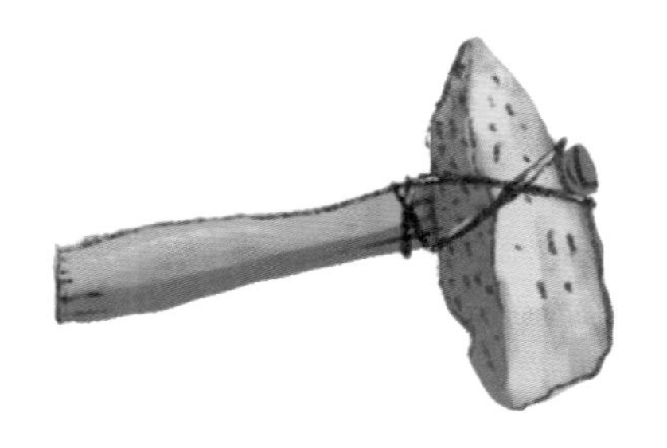

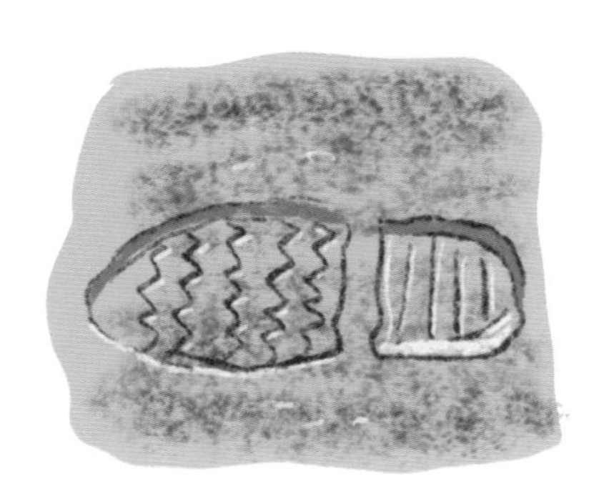

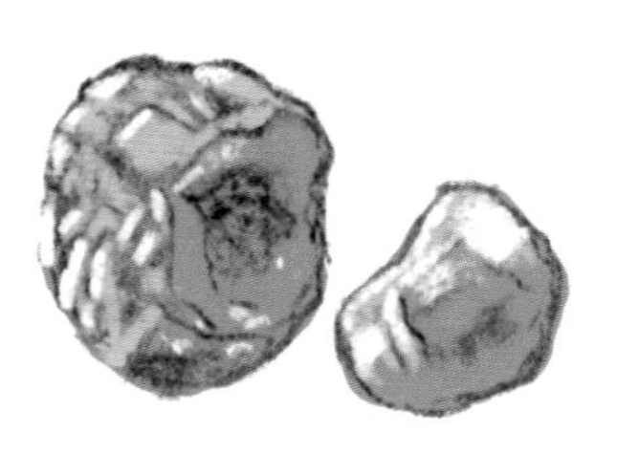

상어 이빨

* 동물 화석

삼엽충

* 동물 화석

물고기

* 동물 화석

나뭇잎

* 식물 화석

고사리

* 식물 화석

암모나이트

* 동물 화석

단풍나무 잎

* 식물 화석

고인돌

돌도끼

나무 열매

* 식물 화석

도자기

발자국

22-23쪽

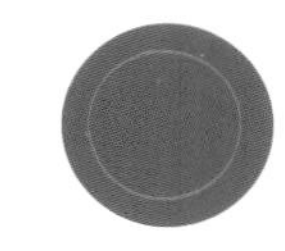

26쪽

모양이 달라지지 않아요.

모양이 달라져요.

34쪽

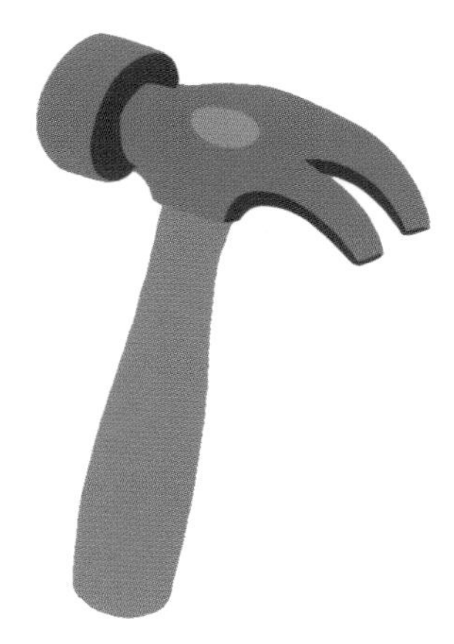

36쪽 ★ 한 가지 물질에 붙이세요.

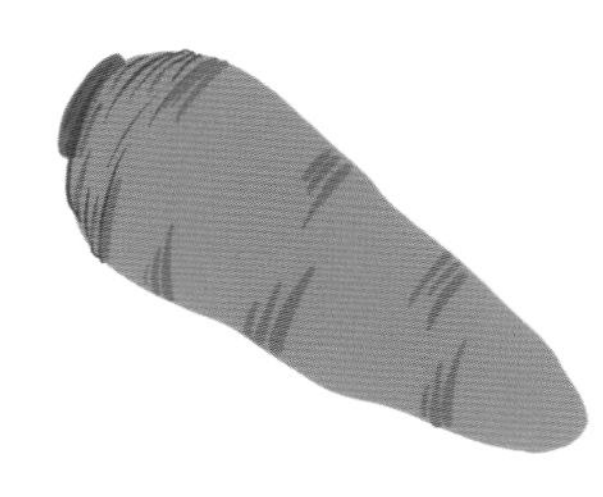

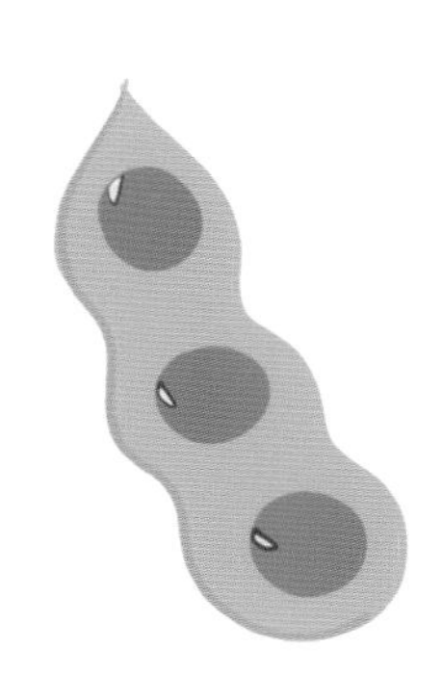

★ 여러 가지가 섞인 물질에 붙이세요.

38쪽

고체

액체

## 붙임 딱지 2

47쪽 ★ 수수깡, 나무젓가락, 플라스틱 숟가락을 물 위쪽에 붙이세요.

★ 고무 지우개, 병따개, 쇠못을 물 아래쪽에 붙이세요.

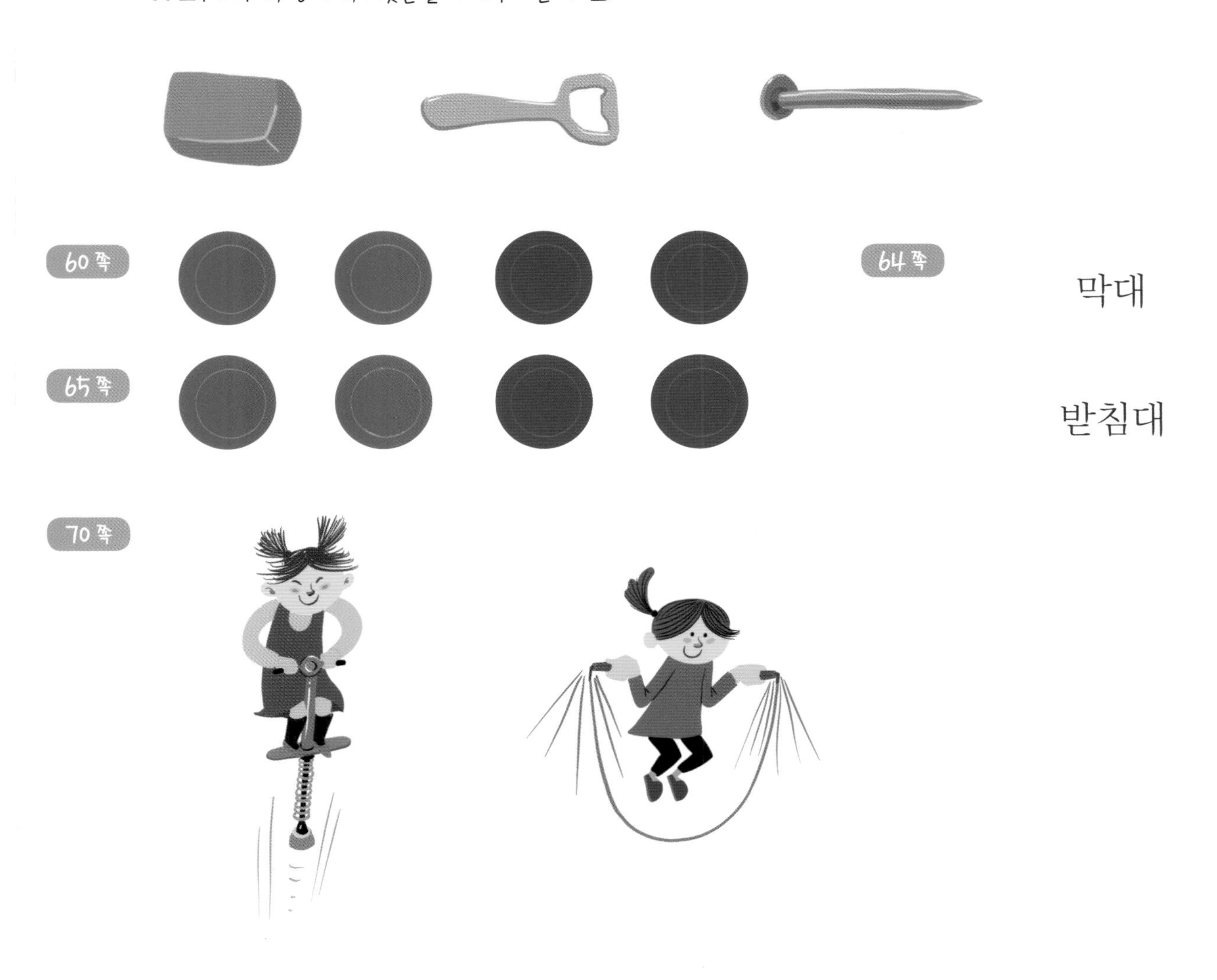


72-73쪽 ★ 도르래를 쓰는 물건에 붙이세요.

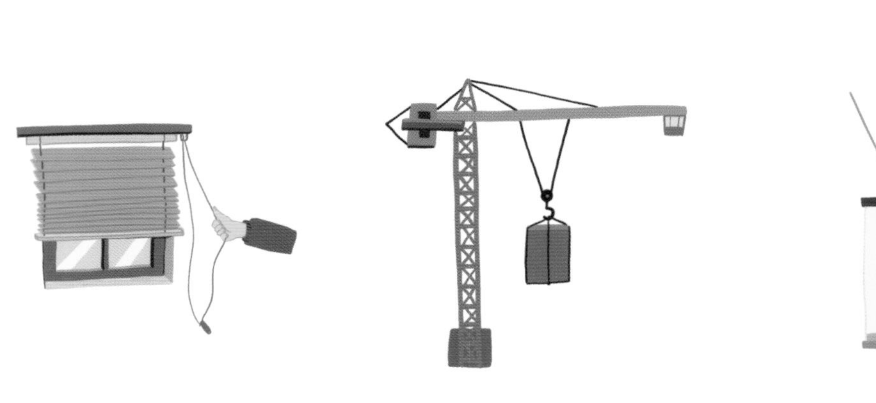

72-73쪽

★ 지레를 쓰는 물건에 붙이세요.

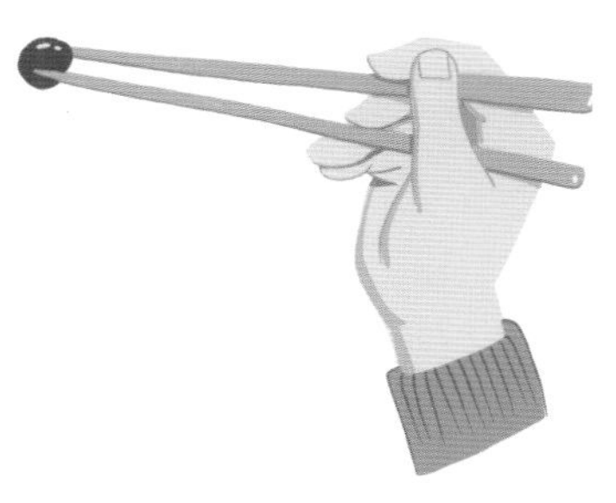

★ 빗면을 쓰는 물건에 붙이세요.

81쪽

86쪽

93쪽

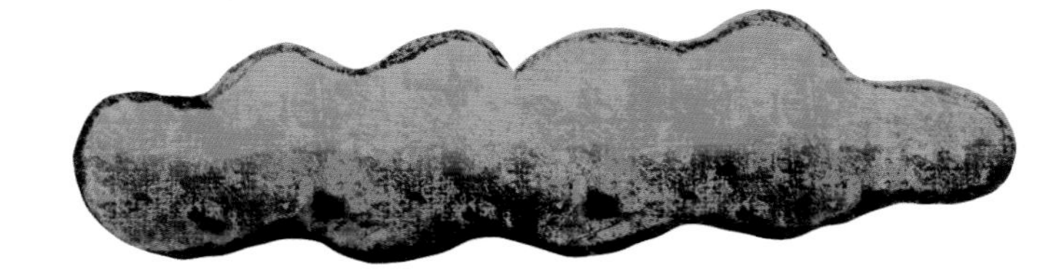

# 붙임 딱지 4

96쪽

구름 비 이슬 눈

97쪽

구름 비 물 수증기

98쪽

99쪽

101쪽

평야 하천 산 해안

102쪽

빛깔이 어두워요. 빛깔이 밝아요.

105쪽

106쪽

용암 마그마

107쪽

110쪽

111쪽

# 붙임 딱지 7

112쪽

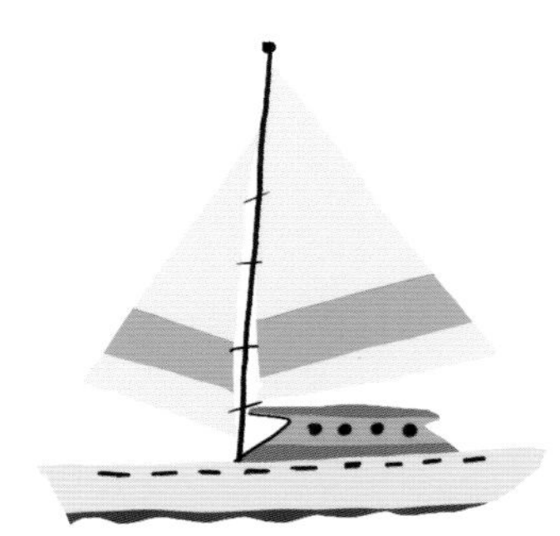

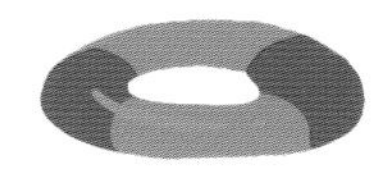

113쪽 ★ 초식 공룡에 붙이세요.

스테고사우루스

브라키오사우루스

트리케라톱스

★ 육식 공룡에 붙이세요.

벨로키랍토르

프테라노돈

티라노사우루스

126쪽

★ 물질, 힘과 에너지, 지구 학습을 마칠 때마다 상장에 붙여 주세요.

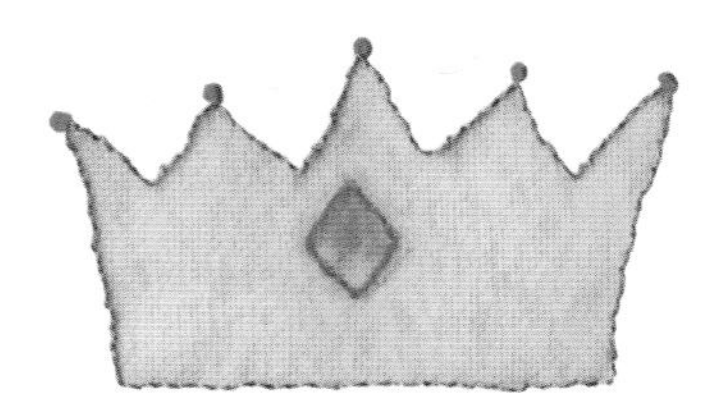